셀프인테리어를 진행하면서 부딪히는 어려움을 말끔히 해결해 주는
최고의 선물과 같은 책!

500만원 버는
셀프 인테리어

현직 인테리어 실장이 알려주는
셀프인테리어 시대 비용절감 노하우 대공개!

"

셀프 인테리어를 진행하는 기간동안 인테리어
전문가가 옆에서 조언을 해준다면 얼마나 좋을까?
셀프 인테리어를 하면서 어려운 일에 부딪쳤을 때
누구인가 옆에서 어드바이스를 해준다면
그런 간절한 생각이 들때...

이 책이 작은 도움이 되었으면 좋겠습니다.

"

들어가며...

　인테리어를 장기간 해온 저자는 현재 셀프 인테리어 시대인 지금, 사람들에게 도움을 줄 수 있는 책을 쓰고자 이 책을 기획하게 되었습니다.

　평소 주위에 셀프 인테리어에 실패하여 저에게 봐달라고 하는 요청에 의해 그런 집을 방문해 보고 정말 인테리어 지식이 없이 시공자만 섭외해서 하면 이렇게 인테리어를 실패하는구나 하는 현장을 많이 보아 왔습니다. 다니다 보면 그런 현장이 최근 들어 종종 눈에 들어옵니다.

　단순히 공정별로 시공자만 구하면 인테리어가 가능할 것처럼 보일수도 있겠지만 공정과 공정사이 그리고 사전에 준비해야 할 것이 너무 많습니다.

그래서 처음 셀프 인테리어를 하게 되면 인테리어에 지식이 풍부한 사람 조차 비용과 시간을 일반 인테리어업체에 의뢰한 것보다 못한 결과를 낳는 경우가 많습니다.

다행히 성공적으로 셀프 인테리어를 하였다고 해도 다음 현장에서 그러할지는 미지수입니다. 저는 아는 지인이 셀프 인테리어를 한다고 하면 비용과 시간 그리고 품질면에서 업체에 맡기는 것보다 못할 수 있으니 좋은 업체를 선정하라고 말립니다.

그런데 자기가 꼭 하고 싶다고 한다면 그럼 해보라고 합니다. 잘만하면 500만원 이상의 고소득을 올릴 수 있으니까요! 돈도 돈이지만 어려운 일을 해냈을 때 성취감과 자신의 집을 자신이 직접 인테리어 해서 집에 대한 애정도 덤으로 가지게 됩니다.
주의할 점이 많긴 하지만 많은 사전 조사를 통해 처음으로 인테리어를 하는 분도 좋은 인테리어를 해낼 수 있다고 생각합니다.

그래서 이 책을 써보게 되었습니다. 물론 이 책이 정답이 아닙니다. 부산에서 서울로 가는 길은 많습니다. 기차를 타고 갈 수도 있고 자동차를 타고 갈 수도 있고. 비행기로 갈 수 도 있습니다. 중요한 것은 서울에 도착하는 것입니다. 이 책 또한 하나의 제시에 불과합니다. 또 제가 모르는 오류도 있을 것입니다. 하지만 용기 내어 이 글을 쓰는 이유는 꼭 셀프 인테리어를 해보고자 하시는 분들은 결국 본인이 하실 것이기에 현직 인테리어 실장으로 조금이나마 도움이 되었으면 하는 바람으로 글을 써보게 되었습니다.

셀프 인테리어라고 해서 모든 공정을 직접하는 진짜 인테리어를 말하는게 물론 아닙니다. 아무리 손재주가 좋은 분이라고 해도 인테리어 전공정을 해낼 수 있는 사람은 없습니다. 기공들도 자신의 전문분야가 있어서 그것만 잘하듯이 일반인이 전체 공정을 스스로 할 수는 없습니다. 그래서 공정별 전문기공을 고용하여 전체공사를 지휘하게 됩니다. 진행을 위해 공정별로 상식적인 부분을 알아야 하며 전체적인 숲을 보면서 공사를 진행해야 합니다.

자신의 집이나 상가 또는 사무실을 자신이 스스로 인테리어를 해본다는 것은 멋진 일입니다. 최근 인터넷에 셀프 인테리어 카페를 통해서 많은 정보를 공유하고 있습니다. 많은 일들이 과거에 비해 편해졌습니다. 손쉽게 유튜브나 블로그를 통해 지식의 습득이 가능합니다. 하지만 이 분야도 엄연한 전문 분야입니다. 전문가조차 공사별로 난관이 도처에 숨겨져 있어서 어떤 일이 일어날지 모릅니다. 자신의 디자인 감각을 잘 구현해 줄 기술자와 자재가 필요하며 그에 따른 기획이 필수입니다.

철저한 준비를 하고 자신이 할 수 있는 일과 없는 일을 구분하고 복잡한 일이 있다면 단순화 시켜야 합니다. 여러 번 기획과 관련 스케치와 메모를 해서 "무엇을, 어떻게, 어느 방법으로" 해야 하는지 개념 습득을 우선으로 하여 차근차근 풀어 갑니다. 최근 저에게 인테리어 문의하시는 분들 중 몇몇 분은 실제 공사가 6개월이나 1년 후에 있을 예정인데 문의하시는 경우를 봅니다. 메이저 회사의 경우 6개월 전에 예약을 해야 한다고 해서 빨리 서둘렀다고 하십니다. 이사일정이나 인테리어 계획을 1년 전부터 하시는 분이 이렇게 많구나 하는 사실을 이제 알았습니다. 저는 6개월이나 1년까지 일이 밀려 있지도 않고 기존일 들도 입주일 변경이나 이사 등 계약관계로 일정이 변경되는 경우가 많아 그렇게 철저한 일정관리가 안 되는데 상위권 인테리어 회사는 정말 일이 너무 많은 것 같아서 깜짝 놀랐습니다.

셀프 인테리어를 계획할 때 어느 정도는 과감해질 필요가 있습니다. 이 것저것 많은 공정과 디자인을 넣다가 보면 머릿속이 복잡해집니다. 디자인도 조화가 안 되고 공정을 꿰차고 공사를 치고 나가기에도 자신이 없습니다. 이럴 때는 과감히 삭제하는 것입니다. 또는 과감히 다른 쉬운 것으로 대체하던가 그 자신 없는 부분만큼은 인테리어 회사에 의뢰하는 것입니다.

저도 인테리어 디자이너로서 인테리어 작업 중심으로 해왔습니다. 갑자기 책 편집 디자인을 처음 해 보니 생소한 것이 많습니다. 특히 맞춤법이나 띄어쓰기가 되지 않는다는 것을 책을 쓰면서 알게 되었습니다. 셀프 인테리어 책을 쓰면서 저는 셀프 출판에 도전하게 되어 버렸습니다. 편집 프로그램을 공부해야 되었으며 처음으로 책표지 디자인을 해보았는데 그게 제 책이 되었습니다.

책에 관련 내용 및 의문 사항등은 저의 네이버 블로그(https://blog.naver.com/testu)를 통해서 소통하려 합니다.

이 책을 출간하게 해주신 모든 분들에게 감사드리며 저의 어머님에게 감사를 드립니다. 또한 이노아트 정세영 대표님, 규리인터내셔날의 이규범 대표님, 후배 조혜수님에게도 감사를 드립니다. 그리고 출판 직전 원고에 어드바이스를 해주신 출판사 직원분에게도 감사를 드립니다.

전국에서 셀프 인테리어를 계획하시거나 하고 계신 분들에게 응원의 박수를 보냅니다.

- 최 기영 -

이 책의 구성내용

이 책은 셀프 인테리어, 엄밀히 말해 반셀프 인테리어 형식(기획은 당사자가 하고 일하는 기술자를 섭외해서 하는 방식)으로 인테리어를 진행함에 있어서 가급적 기초적이고 기본적인 내용을 기술합니다. 독자의 대상은 셀프 인테리어 진행에 관심있는 분 또는 초보 인테리어실장을 대상으로 했습니다. 책 한권을 읽었을 때 하나라도 남는 것이 있다면 큰 수확이라는 생각이 들때가 있는데 이 책도 그러기를 바라는 마음에서 입니다.

가볍게 읽고 바로 써먹을 수 있는 책을 쓰고자 쉬운 내용으로 구성함을 원칙으로 했습니다.

이 책은 1장에서 인테리어 공사를 함에 있어서 기본적이고 공통적인 기본사항에 대해서 알아봅니다. 인테리어 공사는 설계(생각)그리고 구현하는 공사로 크게 구분됩니다. 그래서 간단한 구상 방향과 인테리어 설계방법, 앞으로 공사를 해나가는데 필요한 기초적인 지식을 기술합니다.

2장에서는 실제 인테리어 시공함에 있어서 각각의 공정에 대해 자재소개와 물량계산하는 법과 기술자 인건비책정 방법등에 대해 전문적으로 알아봅니다. 필자가 현장에서 피부로 느낀 생생한 경험에서 나온 내용을 공개합니다.

3장에서는 인테리어 하자보수에 대해 알아보고 인테리어가 끝난 후 일어날 수 있는 하자의 해결방법을 제시합니다. 더불어 기타사항등에 대해 서술합니다.

지면관계상 존칭은 본문에서 생략하고 진행하겠습니다.

목차

들어가며...

이 책의 구성내용

1장

SELF INTERIOR

인테리어 기초 사항

SELF INTERIOR

2장
인테리어 시공

3장

SELF INTERIOR

인테리어 하자와 기타사항

후기

1장
인테리어 기초 사항

인테리어는 크게 구상하는 단계와 실제 시공하는 두 가지 단계가 있다.

이 책은 인테리어 디자인 설계를 주로 다루는 책이 아닌 만큼

인테리어 설계 및 디자인 부분은 기본적인 것만 서술한다.

인테리어 설계하는 법

요즘은 아파트 인테리어 경우 네이버부동산에 평면도를 제공하는 경우가 많다. 그리고 오늘의 집이라는 인터넷 사이트에서는 대부분 아파트의 평면도를 제공하여 실제 설계도 편하게 할 수 있는 프로그램도 무료로 제공하고 있다. 물론 도구보다 아이디어가 중요한 법, 간단히 A4 용지를 꺼내 펜으로 평면도를 그리거나 엑셀파일도 구상은 가능하다. 3D 프로그램 중 스케치업이라는 프로그램을 평가판을 다운로드를 받아 간단한 사용법을 유튜브에서 배워 써보는 것도 가능하다.

어떤 디자인이건 뭐든 관계없이 디자인을 시작할 때 항상 공통된 룰이 있다. "멋진 작업들을 많이 보는 것" 좋은 인테리어 작품을 많이 보면서 보는 눈을 높여야 한다는 의미이다. 시야가 높아지면서 나의 인테리어 밑그림이 그려진다. 멋진 인테리어를 많이 보고 참고 목록을 만들자, 그리고 분석해 보자 그러면 차츰차츰 내가 좋아하는 디자인의 윤곽이 나온다. 평소 내가 좋아하는 스타일이 분명 있었을 것이다. 내 집을 하거나 내 사무실, 내 상가를 인테리어 한다면 이런 분위기였으면 좋겠다는 생각을 어렴풋이나마 해왔을 것이다.

필자에게 의뢰하는 고객분들 중에서는 자신이 어떤 디자인을 좋아하는지 모르겠다고 이야기하시는 분들이 많다. 그러다가 여러 사진을 보여드리거나 샘플북으로 컬러나 디자인 샘플을 고르다 보면 좋아하는 스타일을 캐취하는 경우가 참 많다. 본인 옷을 고를 때 자신이 좋아하는 컬러를 고른다. 그래서 클라이언트가 입고 계신 옷의 색상을 보고 블루면 블루 색상을 좋아하시죠? 라고 물으면 어떻게 알았냐고 물어 보신다. 블루색상의 옷을 입고 계시기에 알 수 있었던 것이다. 상업공간은 이야기가 다르겠지만 주택은 자신이 사는 것이다. 내가 사는 집은 내 마음에 내취향대로 인테리어 하면 되는 것이다. 물론 호불호가 없는 인테리어를 해놓으면 집을 매매하거나 임대를 놓을 때 유리한 점은 있다.

인테리어를 직업을 하고 있는 필자도 놀랄때가 많다. 인테리어때문에 집이 매매가 바로 되고 임대를 주기에도 사람가려서 받을 수 있는 인테리어의 힘은 놀랍다.

디자인 트랜드와 대중적 디자인에 관심을

상업인테리어에는 대중적으로 공감할 수 있는 의도가 담겨 있어야 한다. 문화적, 사회적 요인에 영향을 받는 대중에 인테리어에 거부감이 없어야 한다. 그러나 자신의 집에는 그럴 필요는 없다. 나만 좋으면 그만이다. 하지만 나중에 집을 매매하거나 임대를 줄때 타인들도 깔끔한 디자인이라고 생각하는 인테리어를 하는 것을 염두에 두고 하는 것이 필요해 보인다.

어떤 스타일이 되었던 대부분 사람들이 인테리어가 잘 되었다고 하면 사실 내가 보아도 잘되었고 다른 사람이 보아도 잘 되었다. 미남, 미녀를 보면 이사람은 이런 스타일로 잘생겼고 이 사람은 또 이런 스타일로 잘생겼다. 나만의 취향과 대부분 사람들이 좋아하는 스타일을 고려할 때 자신만의 예술적인 스타일도 더 업그레이드 된다고 본다.

그리고 어찌 보면 제일 중요한 경제적인 측면 예산에 맞는 설계가 필요하다. 인테리어 공정별로 노하우가 있어서 기획적인 측면으로 단가를 낮추는 방법도 있겠지만 상식적으로 생각해 본다면 인테리어 요소가 많아서 제작하고 만들어야 할 요소가 많다면 당연히 공사비가 올라간다. 또한 비싼 자재를 선택하면 당연히 올라간다.

이태리의 보피라는 프리미엄 브랜드를 우리집 싱크대로 결정했다면 싱크대만 1억이 넘을 수도 있다. 사재싱크를 쓸 것인가? 한샘, 리바트 등으로 할 것인가? 조명기구는 어느 정도 수준으로 할 것인가? 바닥은 비싼 이태리 포셀린으로 할 것인가? 장판으로 할 것인가? 베란다 확장을 할 것인가? 샤시까지 바꿀것인가? 바닥난방 배관을 전체 교체 할 것인가? 화장실은 전체 철거 할 것인가? 덧방시공할 것인가? 비용적인 부분을 고려하면서 그리고 나는 주방에 힘을 줄 것인가? 마루바닥을 신경쓸 것인가? 고가의 조명기구에 투자 할 것인가? 힘을 줄 부분, 돈을 적게 쓸 부분에 대한 비용 분배도 해본다.

아울러 공사가 늘어 나면 당연히 공사 기간이 증가한다. 나에게 주어진 시간은 얼마일까? 한정된 시간에 얼마나 많은 공사를 할 수 있을까? 하는 것을 잘 생각해 본다.

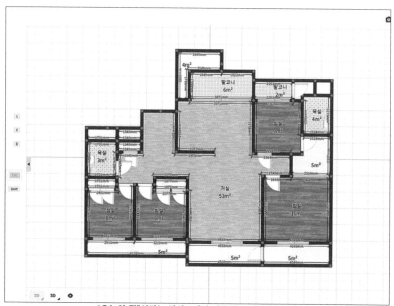

"오늘의 집"이라는 싸이트에서 제공하는 무료 3D 도면
대부분의 아파트 데이터가 들어 있어서 바로 3D상의 도면 설계가 가능하다.

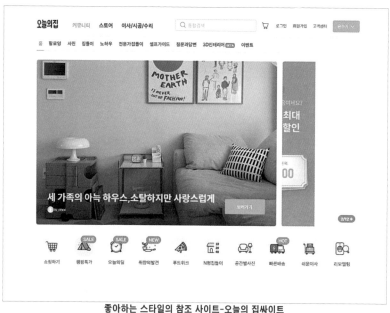

좋아하는 스타일의 참조 사이트-오늘의 집싸이트

국내최대 견적비교 싸이트 집닥-최신트랜드를 알 수 있어서 종종 참조하고 있다 그런데 이상하게도 이 싸이트를 보고도 선택이 어려운 것은 그만큼 사람마다 취향이 제각각이라 그런것 같다

인테리어 설계 방향 결정하는 법

일단 인테리어 하고자 하는 디자인 스타일을 어떤 쪽으로 하려는지 정한다. 여러 가지 사이트가 있는데 집닥, 오늘의 집 사이트를 참조해 볼만하다. 그리고 인스타그램, 유튜브, 블로그등 SNS를 최대 이용하여 본인이 좋아하는 스타일을 찾아본다.

오랜 기간 고객분들을 대하면서 크게 4가지 범주에 분류된다고 느끼게 되었는데 엔틱&클래식, 미니멀&모던, 젠오리엔탈, 최근 등장한 인테리어 쑈 스타일이다. 엔틱과 클래식 또한 분류를 해야 하겠지만 하나의 범주로 묶어 보았다. 현재 인테리어 스타일의 80~90퍼센트 이상은 미니멀 & 모던 스타일이라고 생각된다. 현재 필자의 고객들이 그러하기도 하다. 나머지

10~15퍼센트 정도가 엔틱&클래식 스타일이며 가장 적은 분류로 젠오리엔 탈스타일 좋아하시는 고객분이 있다. 대부분이 미니멀 & 모던 스타일이긴 하지만 그 속에서 여러 가지 스타일이 세분되니 그것은 그때그때 현장을 풀 어가고 있다.

01 엔틱 & 클래식 스타일

클래식 스타일(Classic Style)은 인테리어 경향 중 가장 오래된 스타일로 격식을 차린 포멀(fomal)하며 고급스러운 느낌의 스타일이며 유럽풍의 중 세느낌으로 예술적이며 화려한 장식을 좋아하는 분들에게 어울리는 스타 일이다.

클래식 스타일의 가장 큰 특징은 곡선이다. 대표적으로 크라운몰딩이라 고 불리는 갈매기 몰딩같은 몰딩이 주로 사용되며 웨인스코팅같은 장식이 많이 사용된다. 조명은 주로 샹들리에가 사용되는 특징을 가지고 있다. 시 공단가가 많이 올라가는 특징을 가지고 있으나 원래 이런 스타일을 좋아한 다면 바로 도전해 보자.

이런 스타일을 선호 한다면 사전에 갈매기 몰딩과 웨인스 코팅을 잘하는 목수를 섭외해 두는 것인 필수이다. 목수에 따라 갈매기 몰딩을 못돌리는 목수가 있다. 많이 해본 목수가 아니면 속도가 나지 않는다. 갈매기 몰딩을 많이 해본 목수가 아니면 안 되니 사전에 언급해야 한다. 웨인스 코팅은 그 래도 난이도가 낮은 편이긴 하나 비례가 중요하니까 웨인스 코팅 시공방법 과 적절한 칸 나누기 비례를 아는 목수가 필요하다.

02 미니멀 & 모던 스타일

미니멀리즘 스타일(Minimalism Style)은 1960년대 후반, 미국의 젊은 작가들이 최소한의 조형 수단으로 제작했던 회화나 조각을 가리키는 것을 시작으로 하여 감정과 표현을 극도로 억제하며 순수하고 무표정한 새로운 형태 언어로 창조되었다. 미니멀이란 불필요한 것을 제거함으로써 더 이상 개선 할 수 없는 완전성을 추구하는 것이다.

미니멀리즘 인테리어 스타일은 1970년대 말부터 나타나 발전되기 시작했는데 이는 시각적 표현을 지양하고 공간 자체의 순수함을 강조함으로서 공간의 각 부분들이 섬세한 비례와 순수한 형태의 미학으로 나타나고 있다. 이런 미니멀한 스타일이 현대 모던 스타일로 이어지는 것 같다. 스타일의 특징은 단순함과 명료함이다. 칼라감은 최근 백색 화이트와 그레이 색감같은 무채색을 많이 사용한다. 장식적인 요소보다 단순함을 추구 한다. 조명 또한 매립등이나 스폿트 라이트 기능적인 면을 중시하는 조명을 많이 설치하는 경향이 있다.

현재 대부분 인테리어가 이런 스타일이 주류를 이루고 있다. 한국인 정서에도 잘 맞아 떨어지고 깔끔하고 모던한 디자인은 호불호가 없다. 이런 모던인테리어 스타일을 주류로 하여 부분적으로 다른 스타일을 혼합하는 스타일이 현재 주택인테리어의 90%이상을 차지하고 있다.

03 젠오리엔탈 스타일

가장 적은 고객분이 선택하는 스타일이기는 하지만 굉장히 멋진 스타일임엔 틀림없다. 젠오리엔탈스타일에서의 공간구성은 전반적으로 절제된 감각과 여백의 미를 강조한다. 단순화된 디자인과 간결함을 강조하는 젠 스타일의 형태는 단정하면서도 부드러운 선으로 절제의 미를 보여준다. 젠 스타일에서는 절제된 컬러를 사용하며 젠의 대표적인 컬러인 '웬지'는 다크 브라운으로 웬지 우드는 흑단의 차분한 분위기를 준다.

젠오리엔탈 스타일이 미니멀리즘보다 더 따뜻하게 느껴지는 것은 사용되는 자재의 질감과 톤에 있다고 할 수 있다. 즉, 자연 소재가 주는 내추럴한 감촉과 함께 브라운, 베이지 톤의 컬러가 차분하고 편안한 분위기를 내기 때문이다. 패브릭 계열은 광택이 있는 실크나 은은하고 부드러운 질감의 면, 마 등이 주를 이룬다. 조명 또한 내추럴 스타일의 우드를 사용한 조명을 많이 사용하는 편이다.

새로운 시대에 들어서면서 다시금 근본적이고 자연적인 것에 대한 관심이 높아지고 있다. 발달된 기계 문명과 인공적인 요소는 가장 기본이 되는 근원, 즉 자연으로 돌아가려는 본능을 불러 일으킨다. 동양과 자연의 미가 서구의 미니멀리즘과 결합돼 나타난 대표적인 디자인 사조가 젠(Zen)이다. 미니멀한 디자인 요소가 바탕이 되어서 부분적인 오브제를 사용하는 것만으로도 스타일 표현이 가능하다.

리츠 인터

04 인테리어 쇼 스타일

요즘 대세가 되어 화제의 유튜브의 "인테리어 쇼"라는 채널에서 소개한 방법이다. 이 방법은 하이엔드 고퀄러티를 원하는 주택에 주로 사용하는 방법을 인테리어 쇼의 유튜버가 자신의 아이디어로 풀어낸 방법인데 모던하면서 고급스러운 주거공간 설계&시공방법이다. 단점은 시공비가 많이 들어간다. 그런데 요즘 하나의 스타일로 자리매김한 것 같아서 하나의 스타일로 당당히 분류하여 보았다.

어떻게 인테리어를 시작해야 할지 모르겠다는 분들이 너무 많다. 선택해야 할 것도 너무 많고 전문가가 옆에 있으면 진행이 바로 바로 될 수 있을 것 같지만 주택의 경우는 본인의 기호에 맞아야 한다는 것이 제일 중요하다. 본인이 평소 어떤 인테리어 디자인 스타일을 좋아했는지를 잘 생각해 보자. 그리고 인터넷 사이트나 블로그, SNS, 인스타그램이나 유튜브등 어떤 채널이 되었던 보면서 골라보면 반드시 좋아하는 스타일을 알 수 있을 것이다.

최근 어떤 클라이언트가 나에게 인테리어를 하려는데 뭘 보아야 할지 모르겠다고 해서 유튜브의 인테리어쇼 스타일을 소개해드렸더니 완전 자기 스타일이라고 이런 스타일로 해보고 싶다고 했다. 그분은 사실 이런게 있다고 누가 알려주지 않았다면 몰라서 못했을 것이라고 한다. 인테리어쇼 스타일이 시공비가 많이 들어간다고 해도 알았기 때문에 비용을 더 지불하더라도 그런 스타일대로 하고 싶다고 했다. 어떠한 스타일이 있고 어떠한 디자인이 있는지 요즘은 인터넷의 영향력이 제일 큰것 같다. 사실 인테리어 시공뿐만 아니라 인테리어 트랜드 또한 모르시는 분들도 많다.

알고 안 하는 것과 몰라서 못 하는 건 다르기에...

그런데 제일 중요한 건 예산 아닐까? 예산에 맞추어 인테리어 하는 것도 매우 중요하다. 그냥 깔끔히 집을 정돈해서 살고 싶은 분들이 대부분이다. 굳이 큰돈을 써서 엄청나게 바꾸는 것보다 기본적인 부분을 수리해서 살고 싶은 분들이 대다수인데 사실 그 정도만도 쉽게 진행되지 않는다. 인테리어라는게 정말 신경써야 되는 부분이 너무 많기 때문이다.

만약 처음 셀프 인테리어를 도전한다면 공정을 단순화시키는 것이 좋다. 손이 많이 가는 목공 같은 작업을 최소화하고 공정자체를 단순화시켜서 일어날 수 있는 하자를 사전에 차단하면 일정관리도 용의하며 제일 중요한 비용절감이 가능하기 때문이다. 물론 스트레스도 적어 지겠다.

이 책은 그런 분들을 대상으로 만들어 졌다. 막연히 처음 인테리어를 시작하기에 태평양 한가운데에 홀로 떠있는 그런 기분이 들지 않기 위해 누군가 옆에 조언자라도 있다면 자신이 직접 의사결정을 빠르게 하면서 일정, 비용 모두 절감하면서 자신이 원했던 인테리어를 할 수 있는 것이 이 책의 목적이다.

무엇을 결정해야 하나?

인테리어를 해야 하는데 무엇을 결정해야 하는지 모른다는 분들이 많이 계신다. 디자인에 여러 가지 구성요소가 있는데 그게 뭘 결정해야 하는지 모르겠다는 것이다. 어떤 사항을 결정해야 할까? 결정할 사항이 너무 많아 선택하고 결정하는 것으로 많은 시간을 소비한다. 그래도 본인 집이니 결정을 본인이 해야 하는데 뭘 어떻게 결정해야 하나? 선택해야 할 사항은 많은데 공통사항인 천정몰딩 색상과 스타일, 걸레받이 색상을 결정하면서 도배색상, 현관타일 색상, 방문색상 및 사양, 마루, 샤시 프레임색상 거실바닥 색상과 사양등 선택해야 항목은 무수히 많겠다. 간단히 요약하면 벽은 무엇이고 바닥은 무엇이고 천정은 무엇일까? 단순화 시키면 쉽다. 더 간단히 벽과 바닥이라고 생각하면 더 단순해진다. 가장 많은 면에 해당하는 벽면과 바닥에 중심을 두고 나머지를 결정해 나간다.

빠트린 부분을 줄이기 위해 주요 결정사항을 다음 표로 만들어 보았다. 표를 보아도 선택해야 할 것이 많지만 하나하나 선택해 나가면 점점 줄어든다. 선택하는 것이 힘들다는 분들이 계신데 아마 가장 행복한 고민이 되지 않을지 싶다. 인간이 할 수 있는 고차원의 고민 중 하나인 것이다.

공통	방	화장실	거실	키친
천정몰딩색상	마루색상 및 사양	걸레받이 색상	도배색상	상부장 색상
걸레받이 색상	방문색상 및 사양	벽, 바닥타일 색상	이중창 프레임색상	하부장 색상
도배색상	창문프레임색상	위생기구 색상 및 사양	터닝도어 색상	싱크대 타일 사양
현관 타일사양	작은방 베란다 타일	조명등	바닥색상	싱크대 상판대리석
바닥색상		줄눈색상		

화장실 디자인

화장실 역시 여러 스타일이 있다. 본인이 좋아 하는 스타일 찾아보자.

화장실은 제일 처음 바닥타일과 벽타일을 결정한다. 캔버스가 되는 중요 요소이기에 이것 먼저 결정한다. 기준이 되는 벽타일 크기는 600x300각이고 바닥타일은 300x300이다. 이것보다 커지거나 작아지면 시공비가 올라간다. 사람이 손쉽게 다룰 수 있는 크기가 그러한 것이다. 크면 커서 다루기 힘들고 작으면 그만큼 여러번 붙여야 하기에 손이 많이 간다.

그 후 위생기기와 악세사리를 결정한다. 메인 위생기기는 세면대, 양변기, 샤워기이다. 이것을 결정한 후 수건걸이, 휴지걸이, 코너선반, 거울장을 선택한다. 거울장은 간접을 등을 넣을 것인가? 수납은 어느 정도 할 것인가를 고려한다.

당연한 것이겠지만 크롬 컬러의 위생기기를 선택했다면 거기에 맞추어 다른 액세서리도 그 컬러에 맞추어 선택을 하고 골드색이라면 골드색으로 맞추어 주는 것이 좋다.

인테리어 Tip 양변기는 투피스 치마형을 선택하는 것이 좋다

양변기는 크게 원피스와 투피스, 직수형이 있다. 각각 장단점이 있지만 투피스 치마형을 선택하는 것이 가성비가 가장 뛰어나다. 설치도 편하고 구조상 세정력도 뛰어나다. 결정적으로 가격이 저렴하다.

양변기 종류

투피스 치마형 양변기
세정력, 조립용이성, 가격대 성능비가
우수하다.

직수형 양변기
디자인이 수려하다.물탱크가 없어서
물때나 곰팡이가 생기지 않지만
세정력이 약하고 고가이다.

원피스 치마형 양변기
물탱크와 본체사이에 이음새가 없어서
일체감을 준다. 투피스에 비해 가격이
조금 비싸고 조립성이 조금 나쁘다.

기본 일반형 양변기
가격이 저렴한 것이 특징이다.

샤워기 종류

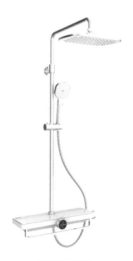

일반 욕조형 샤워기
일반 욕조가 있는 곳에 주로 쓰이는 샤워기이지
만 샤워실에도 슬라이드바와 같이 많이 쓰인다.

선반형 샤워기
선반과 같이 있어서 샴푸등을 올려놓아도
되어 편리하다.

슬라이드 바

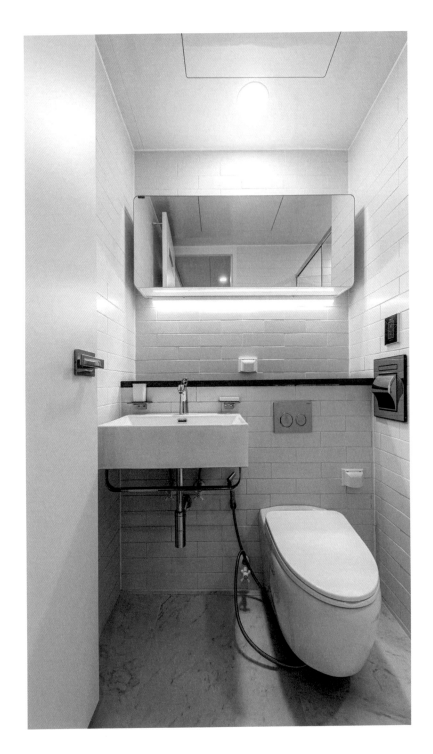

컬러 결정에 대한 어드바이스

색상을 정하는 일은 여간 까다로운 작업이 아닐 수 없다. 원하는 톤과 색상계열 안에서 가장 잘 어울리는 적합한 색을 찾아야 한다. 유명한 컴퓨터 그래픽 프로그램인 아도비사의 포토샵이란 프로그램을 열어 보면 아도비사가 만든 색상환을 볼 수 있다. 비슷하지만 다른 광대한 색의 영역이 모습을 드러낸다.

그래픽 프로그램이 이제는 다른 표준색상 영역에 까지 영향을 주어 과거 팬턴이라든가 하는 기준색상기준이 설자리를 잃을 정도로 보편화되고 디자인 세계에 영향력을 행사하게 되었다. 모든 디자인 작업이 수작업 보다는 컴퓨터 작업으로 대체되었고 이제는 그 프로그램이 만드는 색상을 그대로 구현해 보자는 노력과 일들이 일어나고 있다.

새로운 것을 보지 않으면 늘 비슷하거나 같은 작업에 머물게 되는 것처럼 색 선정 또한 그렇다. 이 또한 인터넷에 패턴이나 색상대비, 명도대비등 색상결정의 기초에서부터 어드바이스까지 하는 자료를 손쉽게 얻을 수 있다.

많은 고객분들이 질문하는 것 중 하나가 컬러(color)에 대한 질문이다. 필자는 디자인을 전공하였기에 나에게 많은 질문 중 하나가 색상에 대한 조언을 듣고 싶어 하는 분들이 많으시기에 가장 기본적인 색감을 잡는 방법을 설명해 보겠다.

사람의 눈은 먼셀의 색상환에 있는 것 처럼 비슷한 색상으로 배색이 될 때 자연스럽다고 느끼며 색상환에서 서로 마주 보고 있는 색상은 보색대비로 강한 인상을 받는다. 인테리어에서의 색상은 주로 무채색이 많이 쓰인다. 무채색이란 색상을 가지지 않는 색으로 화이트, 블랙, 그레이를 말한다. 색상을 가지고 있지 않기에 어떤 색과도 잘 어울린다. 색상을 가지고 있다 하더라도 채도가 낮은 무채색계열의 색상들이다.

하지만 한편으로 너무 자연스러운 배색은 공간에 재미를 주지 못할 수도 있으니 약한 정도의 보색대비를 부분적으로 사용하여 공간에 지루함을 제거한다. 엘로우, 레드, 바이올렛, 블루, 그린으로 변화하는 색상 속에서 인테리어 공간에서는 원색을 피하고 채도가 낮은 색상을 고른다면 인테리어 컬러 감각이 좋다는 소리를 들을 확률은 증가한다.

색채 배색에 자신이 없다면 대부분을 무채색 계열로 결정한다면 컬러를 잘못선택했다고 비난받을 염려는 80% 줄어든다. 집의 1~5%만 액센트 컬러를 줄 수도 있거나 아예 없을 수도 있다.

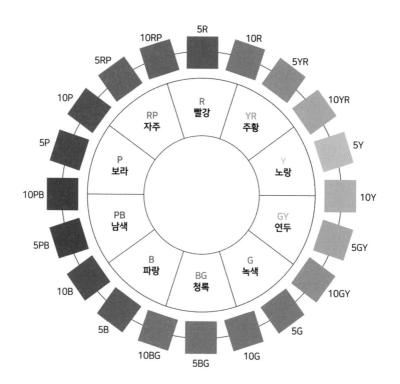

바로 위의 먼셀의 색상환의 색상이 원으로 동그랗게 원을
그리며 돌아가고 있다. 서로 마주 보고 있는 색상이 보색이기에
같이 사용하는 것은 신중을 기해야 한다.
서로 인접한 색상은 배색에 있어서 자연스러운 느낌을 준다.

인테리어에 있어서 조금 다른 색상결정법

디자인 설계 분야는 다양한 분야가 있다. 편집디자인, 패션디자인, 자동차 디자인, 그래픽 디자인 등등... 그런데 인테리어 디자인에 있어서 다른 디자인과 다른 색상 결정법이 있다. 그것은 바로 무채색의 사용이 많다는 것이다. 인테리어는 어찌 보면 스케치북이다. 그림을 그리기 위한 바탕이 된다. 만약 벽체를 레드컬러인 원색을 쓴다면 어떻게 될까? 그 공간에 있는 사람은 쉽게 피로감을 느낄 것이다. 색상의 정보를 사람이 덜 받아들여 편한 느낌을 주는 것은 무채색이다. 무채색은 채도가 없는 색이다. 화이트, 그레이, 블랙을 말한다.

색상이 있다고 하더라도 채도를 많이 떨어 트려야 한다. 일반적으로 다른 그래픽이나 디자인 분야에 있어서 메인컬러는 채도가 떨어져 있는 색상, 액센트가 있는 색상은 원색계열의 색상이 쓰인다. 그런 비율이 70~90%가 메인색상이라면 나머지 30~10% 액센트 칼라인 원색 같은 강조하는 컬러가 쓰이는 편이다.

그러나 인테리어쪽은 아예 액센트 컬러가 없거나 있다고 하더라도 채도를 떨어트린 색감을 액센트 컬러로 해야 한다. 물런 원색에 가까운 컬러를 액센트 컬러로 쓰는 경우도 있을 수 있지만 극히 드문 경우이다. 인테리어는 그 공간을 구성하는 도화지이다. 그 후 가구와 가전제품, 조명등등이 액센트 역할을 할 것이다.

이래저래 나는 인테리어 컬러를 결정하기 힘들다고 한다면 일단 원색만 쓰지 않는다면 절반은 성공했다고 본다.

자재 구입방법

　샤시공사가 없는 현장의 경우, 인테리어가 시작되면 자재 중에서 가장 먼저 골라야 되는 것은 타일(화장실타일 포함)이다. 타일은 일반적으로 공사 초반부에 일정이 위치한다. 당장 공사가 시작되면 타일부터 달려야 하는 공사가 많은데 타일은 배송하는데 시간이 걸릴 수 있다. 내가 고른 타일의 재고가 지방에 있어서 올라올려면 2~3일 정도 걸릴 수 있기 때문이다.

　타일 자재상은 을지로 3가와 강남 학동역 쪽에 주로 모여 있다. 을지로 3가 타일거리는 일반적으로 작은 가게가 많이 모여 있다. 강남학동역쪽 타일상등은 윤현상재를 중심으로 유로 세라믹등 멋진 쇼룸으로 멋진 타일을 전시하고 있다. 이러한 오프라인 자재상들도 근래 온라인 타일판매점의 영향으로 축소되고 있다. 을지로 3가의 전통의 타일거리가 골뱅이 거리등의 확산과 온라인 타일상의 활성화로 점점 문을 닫는 점포가 늘어가고 있다. 점점 줄어가는 을지로 3가의 타일거리를 보고 있으면 역시 온라인의 힘이란 대단하다고 느낀다. 온라인의 사진으로만 타일을 고르기에는 무언가 부족할 텐데 대면 접객이 없는 온라인 타일 상은 계속 늘어만 가고 있다. 그러나 타일 경우 온라인 매장에는 큰 단점이 있다. 택배 배송을 원칙으로 하다 보니 타일이 언제 도착할지 가늠이 좀 어렵고 타일이 모자라던가 배송이 늦으면 다시 주문하는데 또한 시간이 들어 시공일정에 못 맞추는 일이 발생할 수 있다. 그래서 온라인 주문은 특별한 일이 아니면 현재 하지 않는 것을 필자는 원칙으로 하고 있다.

　시간이 된다면 경기도에 위치한 타일 가게도 좋다. 경기도에 있다 보니 쇼룸이 크고 볼거리가 많은 타일상도 많다. 각각 자신에 맞는 타일 상에 가서 타일을 둘러보는 것을 추천한다.

밑에 거래하는 타일상 주소를 남긴다. 절대 광고비를 받고 남기는 것이 아니라 참고용이다.

위치	상호	주소	연락처
강북	씨엔비	서울시 중구 마른내로 102 1층 (오장동)	황태웅부장 010-4547-7406
	서린	서울시 중구 수표로 72	02-2279-6510
경기도 고양	피노	경기도 고양시 덕양구 서오릉로 688 피노타일	010-9387-3565
강남	윤현상재	서울시 강남구 학동로 26길	
	대제타일	서울시 강남구 학동로28길 12	02-3018-7477
	유로세라믹	서울시 강남구 논현로127길 14 유로 타워	02-543-6031

온라인 쪽은 유명한 대림바스와 아메리칸 스텐다드 제품이 있으며 욕실 악세사리로는 온라인의 몬세라믹을 추천한다. 현재 네이버나 옥션등 다양한 욕실 악세사리 제품들이 매일 등장하고 있다. 예를 들어 휴지걸이가 궁금하면 네이버에 휴지걸이를 검색하면 최근 제품들을 손쉽게 알 수 있다.

한달에도 무수히 많은 위생기구와 욕실 용품이 쏟아져 나오고 있다. 그것을 업데이트해서 자료를 보관하는 것은 그것만 하는 전담인력이 없으면 안될 정도 일이 많다. 언제가 어떤 고객님이 다른 인테리어회사 자동 견적 싸이트를 보여 주신 적이 있었는데 양변기도 팝업창에서 고를 수 있고 대부분 자동화가 되어 있었다 그러나 대부분 단종 제품이었다. 6개월이면 단

종되는 제품이 엄청난 수를 이루는데 그것을 제조사별로 업데이트 하기는
무리가 있다. 그때 그때 인터넷 검색으로 새로 나오고 인기있는 제품을 선
택해 보자.

★위생기구 온라인사이트

회사명	사이트주소
대림	https://www.daelimbath.com/
아메리칸스탠다드 가격을 볼 수 있는 온바스 라는 사이트	http://onbath.kr/
몬세라믹	https://smartstore.naver.com/monceramic

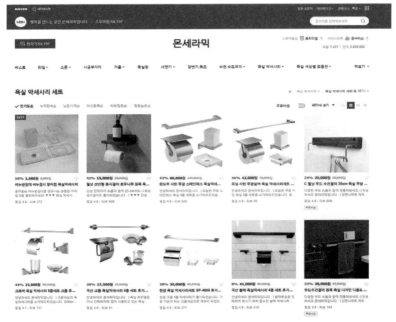

다양한 욕실 악세사리를 팔고 있는 몬세라믹 이 싸이트 이외에도 많으니 검색을 요한다.

"강남은 강남이다" 이런 말이 있을 정도로 학동역에 있는 인테리어 관련 자재 상들은 훌륭하다. 경기침체의 영향으로 여러곳이 문을 닫았지만 그래도 건재하다. 강남에서 타일을 사면 더 비싼가? 하는 질문을 받는 경우가 있는데 그건 그렇다고 확실히 말 할 수 없다. 강남에서도 싼 타일이 분명 있고 강북에도 비싼 타일이 있다. 단지 이런건 있다. 강남은 쇼룸이 좋다 보니 쇼룸에 전시된 어떤 타일도 좋아 보이는 면이 있다.

최근에도 강남과 강북(을지로)의 타일상에서 고객분들이 타일을 고르셨다. 강남에서 고르신 건 가격이 20퍼센트 정도 비쌌다. 하지만 고급감이 더 들어 보였다. 타일을 고를 때는 강남과 강북(을지로) 각각 한번씩 나가서 골라 보는게 좋은 것같다.

위생기기 제품 중 최근에 주목받고 있는 세면기가 있는데 사장님이 너무 친절하시고 제품도 밑에 배관이 노출된 모습으로 신선하여 소개하고 싶다. "바노스"라는 제품이다. 단 이제품의 마감이 조금 아쉬운 부분은 있다. 대림제품, 아메리칸 스탠다드 제품도 거의 중국에서 만들고 있어서 인지 마감이 좀 아쉬운 부분이 있다.

바노스 제품 – 노출 배관을 가지고 있다

독특한 디자인의 앵글밸브를 가지고 있다. 하지만 구식 아파트 등에는
설치가 잘 안될 수 있으니 주의를 요한다.

조명도 을지로 4가에 조명거리가 있지만 온라인에 밀려 많은 오프라인 매장이 문을 닫고 있다. 일반적으로 온라인에 비해 특히 조명은 오프라인이 비싸다. 하지만 온라인에 있는 사진만 보고 구입을 하게 되면 실물과 많이 다른 것이 조명이다. 오프라인 매장에 가서 직접 조명이 켜지는 것을 보고 구입하면 좋은데 가격이 온라인에 비해 20~30퍼센트 정도는 비싼 것 같다. 물론 오프라인이 더 싼 항목도 있긴 하다. 오프라인에서 조명을 보고 온라인에서 구매하는 건 뭔가 미안한 마음이 들어 하기 쉽지 않다.

개인적으로는 갈수록 줄어들고 있는 을지로의 조명가게를 보니 이제 어디 가서 육안으로 조명을 볼 수 있는 가게가 없어지지 않나 하는 불안감 마저 든다. 더는 안 없어졌으면 좋겠다.

조명관련 부자재 중에 콘센트와 스위치 같은 것은 매우 중요한 항목이다. 일반적으로 조명가게에 가면 잘 전시가 되어 있다. 최근 나온 스위치와 콘센트 군을 비교해 보면서 선택하는 것이 좋다.

스위치, 콘센트 중에 추천하고자 하는 제품이 있는데 미경전자의 디아테 제품을 추천하고 싶다. 오랜 기간 이것을 주력으로 사용중인데 더 좋은 것은 아직 안 나온것 같다. 통아크릴의 깨끗하고 투명한 것이 모던하고 심플하다. 중저가 제품으로는 르그랑의 아펠라 제품을 추천한다. 역시 깔끔하고 군더더기 없는 제품으로 정말 무난하다. 가격도 착해서 디아테가 아니면 아펠라 제품을 주로 쓰고 있다. 좀 고가의 제품을 원한다면 단연 독일의 융제품이다. 그런데 가격이 만만치 않고 설치가 까다롭다.

을지로 4가의 조명거리를 방문해 보자 쑈룸이 큰 곳도 있고 작은 곳도 있다. 오프라인의 장점은 역시 실물을 보고 살 수 있다는 것. 그리고 AS가 편리하다. 온라인은 조명이 잘못 배달되거나 파손되었을 때 다시 택배 보내고 받고 하는 불편함이 있지만 오프라인은 바로 처리된다. 그리고 고객 취향에 맞는 조명도 찾아주는 서비스도 하고 있고 주문제작 조명도 가능하다.

나머지 자재들, 인테리어 필름. 도배지, 마루 등의 샘플등도 온라인에 검색을 해서 직접 자재상에 찾아가서 고르던가 온라인 주문이 가능하다.

현대에는 인테리어 자재도 쉽게 고를 수 있다. 네이버에 거실타일만 쳐도 최근 유행 타일이 검색이 되며 거실등 또는 디자인 거실등이라고 검색하면 다양한 제품을 보여준다. 한달에 새롭게 출시되는 제품도 무수히 많아서 세상이 변하는 속도를 따라갈 수 없을 정도이다.

다음 사진은 가격별 추천 스위치, 콘센트이다. 30평대 기준으로 30~40개의 스위치 & 콘센트가 들어가는데 스위치는 고급으로 고르고 콘센트 같이 밑에 달리는 것은 일반 범용 콘센트를 골라도 무방하다. 사람 시선에 있는 것은 중요하지만 콘센트 같이 밑에 달리는 것은 크게 신경쓰이지 않기 때문이다.

나머지 자재들은 예를 들어 벽지면 벽지대리점. 필름은 필름대리점에 문의해서 구하면 된다.

가장 추천하는 제품은 왼쪽 그림의 미경전자의 디아테 스위치와 콘센트 제품이다. 투명 아크릴의 깨끗함이 언제 보아도 좋다.

단점은 약간 세로로 긴편이기에 도배를 할 때 기존 콘센트를 제거하고 세로폭을 감안해서 도배를 하는 것이 좋다. 기존 콘센트 크기 그대로 따네면 약간 작을 수 있다.

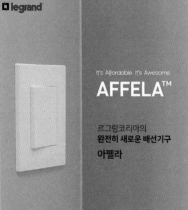

왼쪽 사진은 르그랑의 아펠라 제품이다.

무난하고 중저가 제품임으로 부담이 없다. 적당하고 무난한 것을 찾는다면 단연 이 제품이다.

르그랑제품중 상위 것은 더 디자인이 좋고 가격도 만만치 않다. 르그랑 코리아 홈페이지에서 살펴 볼수 있다.

독일의 융사의 제품으로 가장 심플하고 세련되어 있다. 조립과 설치가 조금 까다롭다. 잘 설치 못하면 약간 어긋나 보이는 면도 있는듯.

융사의 스위치도 비슷하면서 다양한 제품을 출시하고 있다. 융코리아일렉트로닉 홈페이지에 방문하면 정말 이렇게 다양한 제품이 많고 세계적으로 유명한 브랜드라는 것을 알 수 있다.

조명설계 방법

조명설계만 하더라도 하나의 독립된 학문 분야로 책한권으로는 어림없는 분야이다. 인테리어의 핵심요소이다. 조명설계를 잘못하면 인테리어에 큰 영향을 준다. 너무 중요하기에 이 책에 조금이나마 지면을 할애하였다. 인테리어를 진행함에 있어서 조명을 설치하고 나서 사람들이 비로소 인테리어가 완성되었음을 느끼시는 분이 많다. 물론 후반부 거의 마지막 공정이기는 하나 그만큼 중요하기 때문이다. 어쩌면 조명이 인테리어의 절반 이상 차지하는 것 같다.

셀프 인테리어를 진행함에 있어서 필수적인 것은 아마 두 가지 일것 같다. 조명의 밝기와 조명의 색깔, 칼러 이다. 밝기는 룩스라는 단위와 와트W 라는 에너지로 표현되기도 한다. 색상, 칼러는 캘빈이라는 단위로 표현되는데 캘빈을 그냥 케이라고 읽는 분들도 많다. 조명의 색온도라고 한다.

만약 조명설계시 어느 공간에 어느 정도의 밝기로 전등을 설치해야 할지 모르겠다면 1평에 10W라고 생각하면 된다. 3평이면 30W 10평 공간이면 100W이다. 어느 정도 밝기를 해야 할지 모를 때 기준이 될 수 있는데 해당 현장의 층고가 높다면 더 큰 밝기를 요한다. 사용자가 젊은 층인지 노년층인지도 중요하다. 아무래도 연령이 높으면 더 많은 밝기를 요한다.

그리고 조명의 색온도, 즉 노랑(전구색)이냐? 하얀색(주광색)이냐?를 고민하신다면 일단 식탁등은 노랑(3000K)이고 나머지는 백색6000~6500K 이라고 생각하면 된다. 최근에 조명설계가 웜해지고 따듯해지고 있다. 어떤 분은 모든 룸에 노랑색인 3000k조명을 시공하시고 어떤 분은 백색인 6500k를 시공하신다.

평소 내가 무슨 색상의 조명을 좋아하는지 생각해보는 것도 좋다.

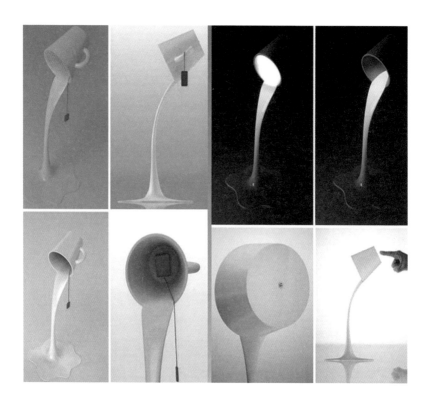

기본이 되는 조명색 온도와 CRI(연색성)

전구색(노란색)- 3000k   주백색-4000k,   주광색(백색) 6000~6500k

전구나 조명기기를 사보면 반드시 표기되어 있는 것이 있는데 뒤에 영
문 K는 kelvin 이라는 색온도 측정단위이다. 일반적으로 색온도가 낮다라
고 표현한다면 노란색, 붉은색을 가르킨다. 색온도가 높다라고 표현하면 하
얀색, 파란색으로 변화한다. 중간색인 주백색4000k도 요즘 많은 사랑을 받
고 있다.

CRI라고 말하는 빛의 연색성이 높은 조명이 좋다. CRI(연색성)란 자연광

에서 본 사물의 색과 특정 조명이 어느 정도 유사한가를 수치로 나타낸 것이다.

측정 방법은 DIN6169에 따라 정해진 여덟 종류의 시험 색을 측정하고자하는 광원과 기준광원 아래에서 본 것의 차이로 측정한다. 측정한 광원이 기준 광원과 같으면 Ra100으로 나타내고, 색 차이가 클수록 Ra값이 작아진다. 지수가 100에 가까울수록 연색성이 좋은 것을 의미하며, 지수가 낮을수록 색재현도가 떨어진다. 일반적으로 평균 연색지수가 80을 넘는 광원은 연색성이 좋다고 할 수 있다

[네이버 지식백과] 연색성 [Color Rendering] (손에 잡히는 방송통신융합 시사용어, 2008.12.25)

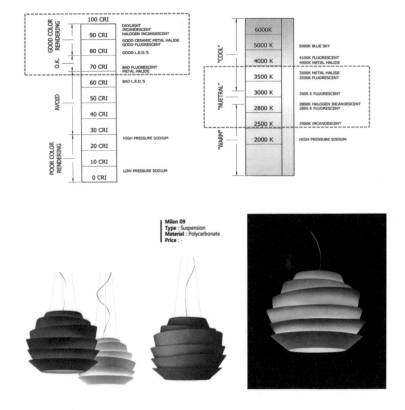

Milan 09
Type : Suspension
Material : Polycarbonate
Price : -

조명을 설계한다는 것은 무엇을 밝게 하고 무엇을 어둡게 할 것인가 하는 것에 대한 설계이다. 조명설계 스케치는 전반 조명과 간접조명, 스폿조명을 전반적으로 고려해서 결정한다.

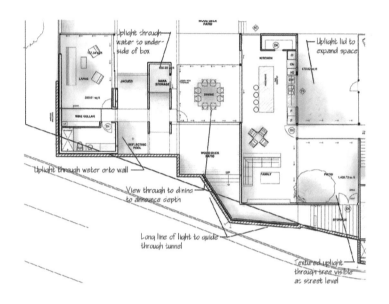

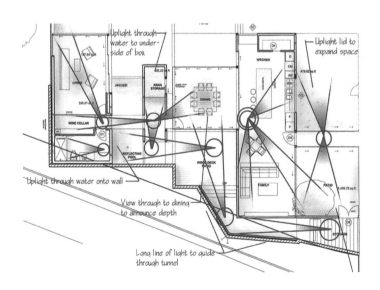

BARE "R"-LAMP

LUMINAIRE
WITH "A" LAMP

Figure 9.7 The effects of diffuse light (left) are often the product of diffuse lamps (right) and luminaires with engineered reflectors and larger sources (right).

"A"-LAMP WITH
DIFFUSER

FLUORESCENT LAMP
WITH DIFFUSER

Figure 9.8 Effects of very diffuse light (left) are often the product of luminaires with diffusers and diffuse sources (right).

"MR" LAMP

LUMINAIRE
WITH "T" LAMP

Figure 9.5 Effects of very directional light (left) are often the product of very directional lamps and luminaires with engineered reflectors and small sources (right).

"PAR" LAMP

Figure 9.6 Effects of directional light (left) are often the product of directional lamps.

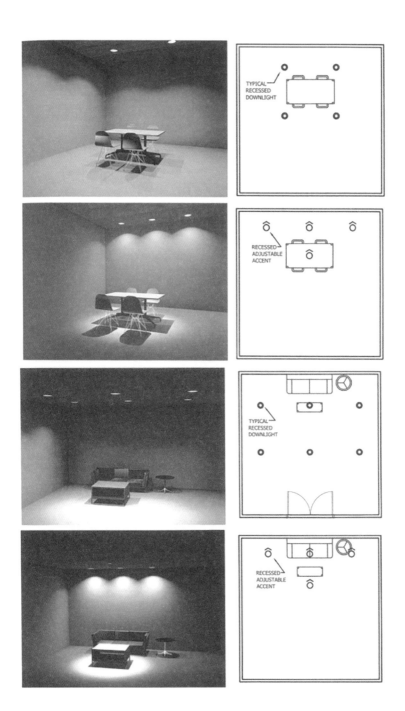

거실

 거실은 주거공간에서 가족의 의미를 표현하는 대표적인 공간이며 대화
나 오락 및 휴식, 독서 등 여러 활동이 이루어질 수 있는 다목적인 공간이
다. 그리고 다른 공간에 비해 넓기 때문에 균제도가 떨어져 공간내에 급격
한 조도차이를 유발할 수 있으므로 균일한 균제도를 위한 조명계획이 필
요하다. 또한 거실에는 대부분 큰 창이 있기 때문에 주광과의 조화 및 조절
에 대한 고려가 중요하고 방과 방을 연결시켜주는 공간을 위한 조명계획도
필요하다.

 거실의 조도기준은 300~400lx 가 적당하고 색온도는 밝고 쾌적한 분위
기의 조명으로 기준을 3000k~5000k 의 범위로 한다. 그리고 연색평가지수
(CRI)가 높은 광원이 좋다. 거실에는 여러 행위들이 일어나기 때문에 정확
한 값의 제시가 불가능하므로 적정수준의 범위를 기준으로 적절한 광원과
조명기구의 선택뿐만이 아니라 조광제어(Dimming)시스템과 ON/OFF 패
턴 스위치와 같은 융통성 있는 조명계획이 이루어져야 하며, 여러 행위를
위한 적정 조도기준을 고려하여 적절한 위치에서 적합한 국부 조명의 사용
이 필요하다.

거실 조도 기준

 전반조도(+0cm) 150~300(lx)
 작업면조도(+85cm) 300~500(lx)
 평균조도산출방법 IES 4점법

침실

　침실은 프라이버시 보장이 강하게 요구되는 사적공간으로 휴식과 안정, 스트레스 해소를 위한 안락한 공간이여야 한다. 따라서 부드러운 빛 연출로 눈부심이 없는 전반조도와 더불어 화장이나 독서와 같은 작업에 필요한 조도는 국부조명을 이용하여 필요 조도를 계획해야 한다. 그리고 안방의 분위기와 맞는 조명기구형태의 선택도 필요조도와 중요한 사항이다.

　전반조도는 60~150lx의 범위로 계획하고 화장이나 독서와 같은 작업조도는 연령을 고려하여 계획한다. 보통 40대 미만일 경우 작업조도는 300lx를 기준으로 하고 50대 이상일 경우에는 500lx를 기준으로 한다. 그리고 색온도는 부드러우며 편안한 분위기를 위한 은백색의 3000k~4000k범위를 기준으로 하여 연색평가지수가 (CRI)가 높은 광원이 좋다.

노부모방

　노부모방의 경우, 노인의 시각을 고려하여 순응에 대한 색온도 계획 및 조도계획을 하여야 한다. 노인의 시각은 젊은 사람들보다 약 2~3배 정도의 밝기가 요구되기 때문에 이러한 특성을 고려하여 조도계획을 해야 한다. 그리고 나이가 들수록 젊은 사람에 비해 눈부심 발생이 현저하게 증가한다. 특히 60세 이상에서는 급속하게 상승하고 20세인 사람에 비해서 70세의 고령자는 2배의 눈부심효과를 받아 2배의 눈부심을 느끼게 되며, 80세가 되면 3배가 되는 것으로 알려져 있다. 그러므로 눈부심이 적은 조명기구 사용과 균제도에 특히 유의해야 한다. 전반조도는 300lx 기준으로 하며 독서와 같은 시작업이 일어나는 경우의 작업조도는 600~900lx로 국부조명을 이용하여 필요조도를 얻도록 한다. 그리고 색온도는 편안하고 안정감 있는 분위기 연출을 위해 3000k~5000k의 범위를 기준으로 한다.

어린이 방

어린이 방은 연령대에 맞는 눈높이 디자인이 필수적이다. 조명은 어린이 시력에 많은 영향을 주기 때문에 전반 조명이 적절하며 눈부심이 심한 조명은 피해야 한다. 그리고 안정성을 고려하여 견고하게 천장이나 벽면에 고정시킬 수 있는 것이 좋다. 또한 조명기구가 아이들의 손에 닿지 않도록 설치하며, 학교에 다니기 전까지는 스탠드 종류의 사용을 피하는 것이 좋다. 학생방 조명에 있어서 책상 위에 사용되는 데스크 라이트는 빛의 방향을 조절할 수 있어야 하며, 작업조명은 전반조명을 보충함으로써 균제도를 좋게 하여 극심한 밝기대비에 의한 눈이 피로를 줄일 수 있다. 작업조도는 600lx를 기준으로 하고 색온도는 편안하고 쾌적한 분위기의 3000k~5000k를 기준범위로 한다. 연색평가지수(CRI)는 어린이들의 시력에 영향을 주기 때문에 높은 광원을 사용한다. 그리고 기준 이상의 조도가 필요할 경우 국부조명을 이용하여 용도에 맞는 필요조도를 얻도록 한다.

서재

서재는 독서나 공부와 같은 작업을 위한 공간으로서 작업면 조도가 매우 중요하다. 작업면의 조도기준은 약 750lx로써 매우 높은 조도는 매우 밝고 전"K도가 매우 어두울 경우 동굴효과(CAVE EFFECT)가 나타나고 눈의 피로가 가중된다. 그렇기 때문에 작업면조도와 전반조도의 차이가 너무 심하지 않게 보이게 하기 위해 균제도를 좋게 한다. 그리고 밝고 눈부심이 적으며 아침과 낮의 광색인 4000~5000k의 램프로 고조도의 조명을 한다.

침실조도 기준
전반조도(+0cm) 160~150(lx)

작업면조도(+85cm) 300~600(lx)

평균조도산출방법 KS 5점법

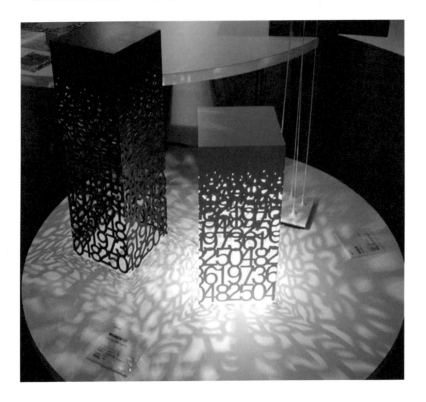

주방 및 식탁

  주방은 주부의 조리작업과 청결한 분위기를 위해 밝은 조명이 필요한 공
간이다. 특히 주방의 조리대인 경우에는 자르기와 같이 도구를 사용하는
행위가 일어나므로 연색평가지수(CRI)가 높고 400lx의 밝은 조도가 필요
하다. 그리고 도구를 사용하기 때문에 조명기구에서 생기는 직접적인 눈부
심과 조명에 의해서 생기는 그림자가 작업을 방해하지 않도록 고려해야 하
며, 작업을 위한 밝고 청결한 느낌을 위해 주광색(6500K)의 광원을 사용한
다. 그리고 조리대와 같은 작업면에서의 작업조도는 400lx이상을 필요로

하기 때문에 보조램프를 사용하여 만족시킨다.

색온도는 최근 6500K-4000K-3000K로 점차 Warm 해지는 추세!

주방 조도 기준
전반조도(+0cm) 60~150(lx)
작업면조도(+85cm) 400~600(lx)
평균조도산출방법 KS 5점법

식탁

식탁의 경우에는 식탁을 집중적으로 비추는 엑센트 조명이나 식탁위에 팬던트 조명을 사용하여 식기가 산뜻하게 보일 수 있도록 하고 음식의 모습과 색등을 잘 보이도록 연색평가지수(CRI)가 좋은 광원을 사용한다. 그리고 음식의 맛을 맛깔스럽고 풍부하게 느낄 수 있고 식욕을 느낄 수 있는 조명연출을 위해 색온도가 2500K~3500K의 광원을 사용한다. 식탁에서의 작업조도는 400lx이상을 필요로 하기 때문에 팬던트나 다운라이트를 이용하여 액센트 조명을 사용하여 만족시킨다.

식탁 조도 기준

작업면조도(+85cm) 400~600(lx)
평균조도산출방법 KS 5점법

화장실

 화장실 및 욕실은 생리적인 기능을 담당하는 위생공간 , 휴식공간이자 독립성이 보장되는 공간이어야 한다. 따라서 기능적인 면을 고려하여 실내 분위기를 청결하고 편안하게 연출하여야 하며 거실이나 침실과는 달리 청소등이 잦은 편이므로 이를 고려한 조명광원을 사용하여야 한다. 그리고 조명기구는 습기가 많고 물이 접촉될 가능성이 있으므로 방수형 커버를 사용하거나 방수형 조명기구를 사용하며 천장에 김이 서리므로 벽부등이 바람직하다. 그리고 좁은 공간에서 세면, 면도등의 여러 작업이 이루어질 수 있기 때문에 전반조도보다 좀 더 높은 조도가 필요하다. 그렇기 때문에 공공시설에서의 권장조도의 200lx를 기준으로 하여 계획을 하며 세면대에서의 작업조도는 약 300lx를 만족하도록 국부조명을 이용한다. 그리고 세면대는 거울과의 관계가 중요하며 거울이 얼굴을 맑게 비치도록 수직면의 조도가 중요하다. 그리고 3000K정도의 따뜻한 색온도의 광원을 사용하여 욕실의 분위기를 따뜻하고 편안하게 조명연출을 하거나 6500K의 주광색 광원을 이용하여 주광이 들어오는 듯한 분위기 연출을 통해 심리적 안정감을 느낄 수 있도록 한다.

화장실 조도 기준

전반조도(+0cm) 60~150(lx)

작업면조도(+85cm) 150~300(lx)

평균조도산출방법 KS 5점법

현관

주거공간에서 주택의 전체 분위기와 최초의 시각적인 효과를 결정짓는 공간인 현관은 입구에 대한 인지성과 방문객의 편리를 위한 조명계획이 고려되어야 한다. 그리고 옥외와 실내 사이의 전이 공간으로서 밝기는 눈의 순응관계를 고려하여 과도한 대비를 피해야 한다. 또한 열쇠구멍이나 출입시 신발을 찾거나 하는 기능적인 면을 만족시켜야 하며 많은 경우 거울이 부착되어 있는데 거울의 반사에 의한 눈부심이 일어나지 않도록 조명계획을 해야 한다. 복도 조명은 현관으로의 동선유도로써 안전함을 제공하며 낮은 광원의 위치로 심리적으로 긴장감완화와 편안함을 제공해야 한다. 100LX를 전반조도의 기준으로 하고 국부조명을 통하여 작업시 필요한 작업조도를 얻는다.

현관 조도 기준

전반조도(+0cm) 60~150(lx)

작업면조도(+85cm) 200~500(lx)

평균조도산출방법 KS 5점법

드레스룸 및 파우더룸

드레스룸 및 파우더룸은 옷을 갈아입거나 화장을 하기 위한 조도 확보가 필요한 공간으로 단장을 요하는 구역은 300LX정도가 필요하며 전반조명은 일반침실과 더불어 150LX가 적당하다. 또한 옷 맵시를 바르게 잡으려면 밝은 조명이 필요하고 조명의 색에 따라 옷색깔이 달라지므로 연색평가지수가 높은 램프를 사용한다. 그리고 화장을 위한 공간인 파우더 룸은 얼굴에 그림자가 지지 않도록 추가 국부조명의 사용이 필요하며, 화장대 위 수평조도와 거울면의 수직조도 확보가 중요하다. 화장대 위와 거울면의 수직조도는300~500LX가 적당하며 연색평가지수(CRI)가 높고 색온도 4000K의 광원을 사용하여 부드럽고 자연스런 분위기 연출이 필요하다.

드레스룸 및 파우더룸의 조도 기준

전반조도(+0cm) 60~150(lx)
작업면조도(+85cm) 300~600(lx)
평균조도산출방법 드레스룸 IES 4점법, 파우더룸

셀프 인테리어를 하기 위해 인테리어 시공학원으로?

"내가 알아야 다른 사람을 부릴 수 있다" 정말 멋진 말이다.

예로부터 내려오는 삶의 지혜이자 모두가 공감하는 말이다. 그런데 그런 것을 가르쳐 주는 곳이 있을까? 인테리어 시공학원이 있다. 시간 여유가 되시는 분이라면 인테리어 시공학원에 가서 배워 보는 것이 어떨까? 이런 아이디어도 생각할 수 있다. 필자는 서울시내에 있는 인테리어 시공학원에 수강해 보았다. 내 스스로도 너무 궁금하기도 했고 인테리어업을 하려면 하나의 주특기가 필요했기 때문이었다. 많은 사람들이 인테리어 공정 중에 필름이 제일 노가다의 강도가 약하다고 하여 필름 학원을 처음 등록해 수강해보았다. 서울 금천구의 어느 필름학원은 정말 선생님이 열심히 가르쳐 주셨다. 그래서 많이 배운 것 같아 나도 당장 필름을 붙일 수 있을 것 같았다. 그런데 실제 현장에 가서 붙이려 하니 계속 실패하였다. 학원에서는 주로 작은 면을 실습하였는데 실제 현장에서는 크고 긴면이 많았다. 크고 긴면을 붙이면서 오니까 마지막에는 항상 삐뚤어져 있었다. 실제 현장에서 발생하는 일과 학원에서 배우는 것과 차이가 있었던 것이다. 현장에 있는 기공들도 학원은 아니라는 평가이긴 하다.

결론은 안다니는 것보다는 나은데 굳이 시간을 내어 배울 정도는 아닌것 같다. 물론 이건 내 경우이고 도움이 되실 분들도 있을 테니 확언할 수 는 없는 부분이다. 하지만 한 가지만 말하고 싶다. 학원도 학원 나름 4군데 정도 수강하고 느낀 점은 학원별로 클라스 별로 수준차이가 많았다.

필자는 타일, 목공, 도배, 필름 이렇게 학원을 다녀 보았다. 어떤 선생님은 자신의 천직처럼 열정을 다해서 가르쳐 주시는 분이 있었고 어떤 학원은 실습하는 자재를 절약하고자 하는 것인지 실습을 조금 시키고 "인생 성공학" 강의 비슷하게 쓸데없는 이야기로 시간을 때우는 학원도 있었다. 대부분의 것이 그렇겠지만 학원 수업과 실무는 많이 달랐다. 어떤 공정을 배우고 싶으면 그냥 일당 없이 해당현장에 가서 허드렛일을 하면서 배우는 것이 나은듯하다. 사람마다 인테리어 시공학원에 어떤 목적으로 오는 이유도 다르겠다. 어떤 분은 마침 내일배움카드가 생겨서 원룸 임대업을 하는데 도배를 어떻게 하는지 궁금해서 온 분도 있었고 귀농을 하면서 부부가 인테리어 관련 시공법을 배우기 위해 오신분도 있었다. 물론 대부분은 기공이 되기 위해 오신 분들이었지만 학원에 오신분들중 100명 중 한명 정도가 기공으로 성장한다고 하니 이 분야도 정말 살아남기 힘든 것 같다. 세상에 쉬운 일이 있겠냐만은 인테리어 시공학원에 오신 분들중에 그 클라스에서 제일 잘하는 사람이 현장에 나가서 5~6년이 되어야 기공이 된다고 하니 결코 호락호락하지 않다.

셀프 인테리어를 시작하기 전에 필수적으로 알아야 할 사항

"㎡ = 헤베 와 품"

인테리어를 기획과 진행함에 있어서 필수적으로 알아야 할 사항은 내가 생각하기에 2가지인 것 같다.

자재의 면적을 나타내는 ㎡= 헤베와 시공자의 일당을 나타내는 품이다. 이것 2가지만 알아도 초보자가 아니다 할 정도로 필수이며 이것만 이해하더라도 어떤 인테리어관계자와 이야기가 한결 편해질 것이다.

자재의 면적은 가로 세로 1m x 1m를 나타내는 1제곱미터(㎡)를 인테리어 용어로 헤베라고 한다. 아마 일본어에서 유래된 것 같은데 이것은 완전히 한국화 되었다고 할 수 있을 정도인 용어이다. 그 외 평이라든가 자라든가 하는 용어가 있기는 하지만 헤베만 알고 있어도 거의 대부분의 자재의 크기를 파악할 수 있다. 이것이 출발점이 되어 이해가 되어야 바가지를 안 당할 수 있다.

일당은 품이라고 하는 이야기를 한다. 한품이라면 기술자가 하루 종일(아침9시부터 오후 4~5시까지) 일을 했을 때 받는 일당을 이야기 한다.

반품이라면 점심식사전에 끝이 나는 일을 말한다. 점심식사를 하고 조금이라도 일을 하면 한품을 다 달라고 하는 작업자가 많으니 참조하는게 좋다.

이 두 가지용어만 안다면 인테리어를 해나갈 수 있다고 생각이 들 정도로 기본중의 기본 단어이다.

자재의 헤베를 계산할 줄 알고 기술자의 일당을 알아서 현장에서 일하는 량을 감독하면서 품을 지급한다면 크게 사기당할 일은 없어 보인다.

기술자들에게 이거 몇품이면 될까요? 물어보는 것만으로도 시공자는 속으로 "아. 이사람 좀 아는 사람이니 거짓말을 못하겠네" 하는 생각이 들게 된다.

인테리어 시공자(기술자)들의 임금지불 방식 일당과 도급의 개념

인테리어 공사에 있어서 임금을 지불하는 방법은 크게 일당과 도급이라 불리우는 턴키라는 것이 있다. 일당은 말 그대로 하루 일하는 금액을 지불하는 방식이고 그 공사의 하자 등에 대한 책임은 근본적으로 없다. 도급이라고도 하고 턴키라고 하는 방식은 전체 공정을 맡아서 자신이 자재 수급과 인력을 컨트롤하여 부분시공에 대한 책임을 지는 방식인데 일반적으로 가격이 비싸다. 도급방식이라고 해서 하자 보수를 책임을 지지 않는 업자도 많으며 일당으로 일했지만 하자보수를 봐주는 시공자도 많이 있다. 대체적으로 일당공사가 비용 면에서 경제적이지만 관리를 못하면 도급보다 공사비가 더 증가한다. 공정별로 일당이 정착된 공정이 있으며 도급이 일반화된 공정이 있다. 공사가 복잡할 경우 그 공정에 대한 공사를 도급으로 맡기는 경우가 있는데 공사가 클 경우, 도급공사의 경우 추가요금이 발생할 수 있으며 일당공사의 경우 품수 관리를 못하여 품수가 늘어날 수 있다.

인테리어 공사순서

공사동의서등 사전 준비 이후에 공사순서는 다음과 같다

철거-샤시-설비공사-타일**(화장실포함)**&목공-전기배선-필름&페인트-마루-도배-전등설치-싱크대,가구-입주청소

일반적으로 무거운 공정인 타일(화장실포함)과 목공작업이 선행 공정이고 가벼운 필름과 도배가 후행공정이다. 전체 문과 문틀공정이 있다면 반드시 화장실 문틀이 들어서고 난 후 화장실타일을 하여야 문틀과 타일면이 만나는 곳에 마감이 깔끔하게 떨어진다. 만약 부득이한 사정상 그리 못할시에는 문틀쪽 타일을 남겨두고 시공후 문틀이 들어서고 시공한다.

전기배선과 목공작업은 동시에 일어나는 것이 좋으니 전기기사와 목수일정을 조율하여 기획한다.

필름과 페인트는 일반적으로 필름이 먼저 시공되는 것이 원칙이나 경우에 따라 편의를 위해 페인트를 먼저 시공하는 것도 가능하다.

단 필름은 반드시 도배전에 하는 것이 좋다.

마루시공시 일반적으로 걸레받이를 시공하는데 이 걸레받이 위로 도배가 2~3mm 올라타야 하므로 마루시공 다음에 도배시공이 표준시공순서이나 부득이 일정상 도배먼저 할 때는 걸레받이와 도배가 만나는 면에 실리콘으로 틈새를 매꾸어 준다. 이런 방식도 많이 하는 방식이기는 하나 후에 실리콘의 색상이 변하는 경우가 있어서 추천하는 방법은 아니다.

도배후 싱크대와 가구가 들어서는 것이 일반적이나 싱크대가 먼저 설치될 수 있다. 또한 가구와 중문등도 도배전에 들어서는 것도 가능하니 현장을 보고 마감이 깔끔한 방법으로 일정을 잡는다. 싱크대설치시 등설치를 동시에 잡는 것은 가능하나 일반적으로 차단기를 내렸다 올렸다 하면서 등이나 스위치를 설치하므로 동시 잡는 것을 피하는 것이 좋으며 사전에 전기기사와 상의 하는 것이 좋다.

전등설치 작업시 식탁 펜던트등은 이사후 식탁배치에 따라 달라지므로 입주 후 설치하는 것도 하나의 방법이다.

전체 공정 중 도배, 페인트, 입주청소등은 소음과 분진을 발생시키지 않으므로 토,일요일을 이용하여 작업하는 일정을 조율할 수 있다. 단 토, 일요일에도 도배등을 허용하지 않는 아파트단지가 있으니 사전에 문의하여 두어야 한다.

공사 순서

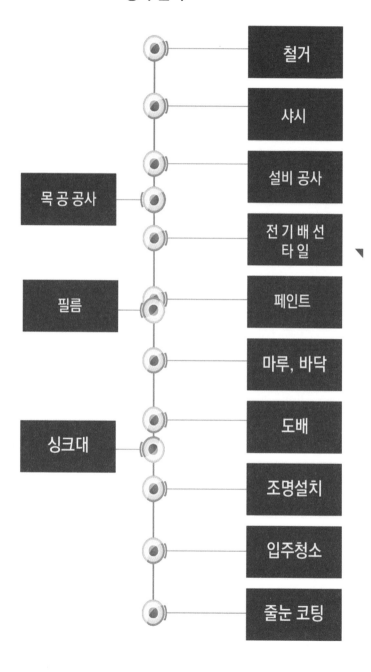

철거

샤시

설비 공사

목공 공사

전기 배선 타일

필름

페인트

마루, 바닥

도배

싱크대

조명설치

입주청소

줄눈 코팅

공사 시작 전 준비해야 할 것

01 주민동의서

주민동의서를 받는 방법은 이른바 골든 타임을 이용하는 방법이 좋다. 오후 5~7시 사이가 사람들이 가장 많이 집에 있는 시기이고 이 시간 타임을 이용하면 많은 동의를 받을 수 있다. 아파트 단지별로 동의서를 받아야 하는 비율이라든가 조건이 다른데 밑에 층과 옆에 세대는 반드시 받아야하며 윗세대도 받는다. 해당 층의 모든 세대와 위, 아래세대는 무조건 받는 것이 좋다. 특히 밑에 집은 가장 소음이 심한 세대임으로 가벼운 선물이라도 하면 좋다. 그리고 적어도 이틀 전에 공고 가능하도록 공사시작 전3~4일 전에 받아서 관리실에 공사신고를 최소 3~4일 전에 해두는 것이 좋다.

그래야 공사사전 알림이 최소 1~2일 이상이 되어야 공사하는 사람도 할 말이 있기 때문이다. 오늘 공지하고 다음날 바로 철거 소음이 발생하는 공사는 하지 말자는 이야기이다.

오늘날 주택인테리어는 하나 더 공정이 추가되는데 그것이 민원처리일 것이다. 손이 발이 되도록 비는 수밖에 없다. 어떤 현장은 공사보다 민원처리가 힘든 현장이 있을 정도로 심하다. 몇 년전 서울의 어느 부촌의 아파트 인테리어 현장에서는 같은 동에 사는 분 중에 무려 3분이나 대학교수였다. 코로나 상황때문에 재택 강의를 하는데 수업진행이 안 된다고 해서 공사를 정상적으로 진행할 수 없었다. 아파트 입주일을 부득이 늦추어서 해결하였지만 엄청난 스트레스에 시달렸다.

02 엘리베이터 보양.

공사 당일 오전에 하는 것이 좋다. 그전에 하는 것도 세대 입주민에게 불편을 줄 수 있다. 심지어 매일매일 공사완료후 엘리베이터 보양지를 철거하라는 민원도 빈번하기에 가급적 엘리베이터 보양은 짧은 기간동안하는 것이 좋다.

요즘은 엘리베이터 보양 DIY 자재도 팔고 있고 설치방법도 인터넷에 친절히 나와 있으니 도전해 볼 수 있다.

엘레베이터 보양

진입부 보양

03 해당세대 진입부 보양

엘리베이터 보양과 마찬가지로 엘리베이터에서 세대까지 보양하는 것과 지하 1층이나 지상1층 자재 하역하는 곳에서 엘리베이터까지 바닥보양을 하는 것인데 이것은 아파트별로 다르니 해당 단지 주민센터에 사전에 문의해 보는 것이 좋다.

주로 사용하는 보양지는 플로베니아와 텐텐지를 사용한다.

04 공사알림표

아파트 단지별로 인테리어 행위자가 만들어 직접 붙이는 것과 해당 아파트 관리실에서 붙이는 형식으로 진행하니 사전에 관리사무소에 이 또한 문의하여야 한다.

밑에 집과 옆집은 사전에 간단한 선물을 제공하는 것도 하나의 팁이다. 민원이 발생하고 나서 선물을 주면 받는 사람이 없다. 그전에 선물을 준다면 효과가 있는 편이다. 그러나 선물을 받았다 해서 민원을 제기 안한다는 말은 아니다.

05 빗자루와 쓰레받기 그리고 마데자루

이 품목은 지금 베테랑이 된 이후에도 계속 잊는 내용이다. 마데자루는 꼭 필요하고 빗자루 또한 항상 필요한데 현장에 비치하는 것을 자주잊는다. 왜 이것을 잊는지는 모르지만 꼭 챙겨두어야 할 품목이다. 마데자루는 동네 철물점에 가서 PP마데자루를 달라면 준다. 적당한 크기에 제품을 구입해 오자. 32평 아파트 올수리 공사에서는 대략 30개 정도 마데자루가 필요한 것 같으니 생각 보다 많이 필요로 하다.

다음의 사진의 봉투가 특수 생활 폐기물용 종량제 봉투이다. 가장 큰것이 50리터이다. 동네 마다 파는 곳이 정해져 있다. 서울인 경우 구별로 다르며 주민센타에 문의하면 파는 곳을 가르쳐 준다. 50리터가 너무 커서 이제 더 이상 판매안하고 20리터만 판매한다는 구도 있다. 구별로 조금 다를 수는 있는데 일반적으로 큰 편의점에서 판매하고 있다. 한장에 5,100원으로 비싼 편이긴 하나 타일이라든가 페인트등 일반적으로 버릴 수 없는 무거운 폐기물을 버리는 것이 가능하다. 50리터 10개면 51000원이고 폐기물차를 부르면 20만원에서 30만원 정도 한다. 시간이 남는다거나 현장 상황에 따라 선택해 보자.

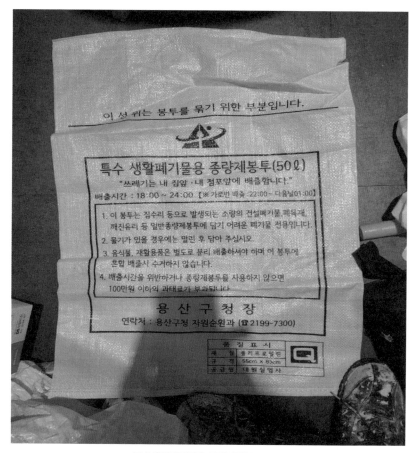

특수생활폐기물용 종량제 봉투

2장
인테리어 시공

인테리어 계획을 아무리 잘 세웠다고 해도 시공이 잘 안되면 아무 소용이

없다. 자신이 원했던 디자인스타일을 구현해 줄 자재와 인력을 찾아본다.

좋은 인력을 찾고 구분할 줄 안다면 인테리어의 80%이상 성공했다고 본다

시공자(기술자)를 구하는 방법

인테리어를 잘 기획했다고 하자만 시공자가 없으면 의미가 없는 일, "구슬이 서말이라도 꿰어야 보배?" 그런 기술자를 어디서 구할까? 크게 3가지 루트를 통해서 구한다.

01 인터넷을 통해서 구한다. 요즘 인테리어 카페 또는 밴드들 통해서 구한다.

네이버 카페 "인기통"과 "숨고"라는 사이트 같은 인터넷 또는 기술자별 밴드나 동호회 모임 같은 곳에서 기술자를 찾을 수 있다. 개인들 간 셀프 인테리어 노하우를 교류하는 셀프 인테리어 카페 같은 곳에서도 기술자 소개를 받을 수 있다. 그러나 어제오늘 일이 아니지만 인터넷에서 사람을 구인해서 낭패를 본 일이 많아지면서 소문이 안 좋아진 것은 사실이다. 아무 일면식이 없는 사람을 자신의 공사에 그냥 투입하는 것은 정말 신중하게 고려해야 할 일이다.

02 지인의 소개를 통해서 구한다.

주변 인테리어 관련 지인이 있다면 추천하는 사람을 써보는 방법도 좋다. 그러나 지인소개로 소개받았다고 해서 방심은 금물이다. 그 작업자가 그 현장에 와서 잘 한다는 보장이 되는 게 아닌 것이 이 노가다세계이다.

03 자재상의 소개로 구한다.

예전에는 자재상에서 작업자를 소개해 주는 경우가 많았다. 그런데 요즘은 많이 없어지고 있다 작업자를 소개해 주었는데 그 작업자가 능력을 발휘 못했을 때 그 자재상에 비난을 퍼붓기 때문에 자재상 조차 요즘은 신경

쓰기 싫다는 이유로 거절하는 곳이 많아졌다

모두 장단점이 존재하지만 결론은 운이다. 실력이 좋은 기술자가 왔는데 내 현장에서 실수를 한다면 안 좋은 기술자가 된다. 물론 그 반대의 경우도 있지만 어느 채널을 통해서 구인을 하던 결론적으로 운이 많이 작용하는 듯 하다. 좋은 기술자를 만날 수도 있고 그렇지 않을 수도 있다.

인테리어 시공자를 대하는 기본자세?

우리가 어떤 사람에게 비용을 지불하면 당연히 그 사람은 지불받은 만큼 일을 해야 한다고 생각한다. 그런데 인간관계가 들어가는 사람의 노동을 사는 이런 서비스에 대한 비용 지불은 조금 다른 면이 있다. 현재 인테리어 시공자가 없어서 현장마다 곤혹을 치르고 있다. 어떤 현장에서는 기술자를 위해 음료와 간식을 매일 고객분이 제공한다.

실장은 기술진에게 기분을 맞추기 위해 노력한다. 힘든 일을 하기 때문에 이런 대접을 해야 하는 것일까? 왜 돈도 주고 비위도 맞추어 주어야 일하는 것일까? 물론 다른 현장보다 2배 이상의 비용을 지불한다면 다를 수도 있겠다. 하지만 그렇게 줄 수 는 없는 일이다. 만약 나는 당신에게 돈을 지불했으니 일을 해!! 하는 자세는 기술자의 기분을 상하게 하여 바로 돌아갈 수도 있는 것이 현장이다. 다른 현장도 널려 있고 일할 곳은 많다. 그러니 기분 나쁘면 가버릴 수 있는 것이다.

현장에서 커피나 음료 간식이 제공되는 현장도 있고 그렇지 않은 현장이 있다. 하급 기술자일수록 그런 현장에 트집을 잡는 경우도 많다. 그만큼

이 세계가 일은 많고 일할 사람이 없다는 반증이다. 그래도 기술자와의 관계는 어느 정도 선이 유지해야 된다. 좋은게 좋은거니 적당한 선을 찾자. 나는 일급 기술자들이 부러울 때가 많다. 정신적으로 피곤한 일이 거의 없다고 봐도 된다. 대체로 일급 기술자들은 공정별로 어디든 대접받는다. 노가다 하러 온 사람이라고 무시 한다면? 바로 짐싸게 될 것이다.

　어떤 사람이 이런 이야기를 했다. 외부에서 일하고 있는데 어떤 아줌마가 아이를 데리고 가면서 "너 앞으로 공부 못하면 저 아저씨처럼 된다" 하지만 그건 잘못된 생각이다. 선진국에서는 몸으로 일하는 사람들과 의사같은 하이 인텔리전트와 대하는 차이가 거의 없다고 한다. 의사 중에 집에 못하나를 못 박는 사람도 많다. 실제 서울대를 나오고도 못하나 박지 못하는 사람을 보았다. 그래서 미국은 우리나라처럼 사람을 불러 집수리를 하는 문화가 예전부터 없었다고 한다. 왜냐하면 사람을 불러하는 집수리 비용이 너무 비쌌기 때문이라 한다. 선진국들은 DIY문화가 발달하여 집수리, 차수리 등은 어렸을 때부터 하면서 자란다고 한다.

숨고 싸이트

네이버 셀프 인테리어카페

처음 만나는 기술자를 콘트롤 하나는 방법

　필자는 노가다를 하는 사람을 존중한다. 왜냐하면 인테리어 시공자가 없다면 인테리어가 존재할 수 없기 때문이다. 가장 소중한 사람들이다. 하지만 평소 알고 지내던 기술자가 아니라면 처음 만나는 기술자를 상대하는 요령은 있다. 먼저 처음 온 시공자가 1시간 정도 지나도 형편없는 실력을 가지고 있다면 데마찌 수당(5~10만원)을 주고 돌려 보내는 것이 좋다. 노가다의 세계는 냉혹하다. 피도 눈물도 없는 세계이다. 육체노동의 힘든 일정에서 부모 형제도 없는 것이다. 자신이 몸이 아픈데 다른 사람을 돌볼 틈이 없는 것이다. 당장 내 아픔이 더 크기에 그런 것이다. 육체노동이란 정말 인간을 이기적이게 만든다. 돈만 밝히고 실력 없는 기술자는 1~2시간 안에 판별하여 조금의 돈을 주거나 반일치 일당을 주어서 돌려보내는 것이 맞다. 좀 냉정하지만 그렇지 않으면 그 형편없는 기술자가 전체공정을 망칠 수도 있다.

　최근 기존 거래하던 전기기사가 어머님 병환으로 병원에 있는 관계로 새로운 전기기사를 인터넷에서 섭외해서 공사를 진행한 적이 있다. 그런데 현장에 온 그 기술자는 실력이 형편이 없었다. 하지만 일정상 그런 실력이라도 조금이라도 해주길 바랬는데 역시 벽등을 달려고 하다가 뿜칠 페인트된 벽면을 다 긁어 놓아서 금전적으로 큰 손해를 보고 일정이 뒤로 밀리게 되어 입주일에 못맞추게 될 뻔했다.
　초기에 실력 미달자를 알았지만 시간을 좀 더 주다가 큰 손해를 본 것이다. 이런 실력 없는 기술자들이 인터넷에 많이 있다. 부디 이런 분들은 남의 집에 일하러 가면 안 될 것이다. 공사를 망치는 사람이거니와 한가정을 파괴하는 가정파탄자이다.

네이버 인테리어 기술자 구직 싸이트 인기통

어떤 카페, 밴드도 믿지 말며 하물며 지인소개도 신중해야 한다.

가장 인터넷에 활성화된 카페는 "인기통"이라는 네이버 카페이다. 국내 최대의 기술자 커뮤니티 공간이다. 필자도 여기서 기술자를 몇번 구해서 일을 해 보았는데 너무 실력없고 불성실한 사람이 많아 지인소개로 선회하였다. 하지만 지인소개는 한계가 있었고 아무 일면식 없는 사람을 인터넷 카페에서 구인하는 것보다는 나은 점이 있었지만 실력이 없는 사람도 많았다. 예를 들어 전에 일했던 타일하는 사람이 좋았는데 일정이 안 되어 이번 내 공사에는 못오게 되어 그 사람소개로 다른 타일러를 소개받았는데 아주 불성실하였다. 소개시켜준 타일러에 이야기하니 그 사람을 인간적으로 좋아하는데 같이 일해 본적이 사실은 없었다고 한다. 그래서 일할 때는 어떤지 모르고 소개시켜 준것이라는 것.

지금은 여러 루트로 인력수급을 하고 있다. 밴드, 지인, 기존 붙박이로 쓰는 기술자, 하지만 항상 새로운 작업자를 구하는 일에 신경을 써야 한다. 왜냐하면 사람은 시간이 지나면 늙고 노가다 인력은 항상 변화하는 부분이다. 선두를 달리고 있는 인테리어 회사의 시공자 조차 매번 다른 시공자가 오는 경우가 대부분이다.

Q&A 20대에서 60대 어떤 시공자가 잘 하나요?

시공자의 나이만 놓고 본다면 아마 40대말에서 50대초 정도의 기술자가 잘하는 사람이 많다고 본다. 기술이 숙련되고 일머리를 잘 알기 때문이다. 하지만 그러한 연령대의 기술자가 반드시 잘한다는 것은 아니다. 몇 년전 40대 목수를 소개받았는데 공구등 장비도 모두 고급 장비여서 잘 할거라 판단했지만 실제 공사를 시작해 보니 완전 초보 기공이었다. 그동안 20대에서도 잘하는 기공도 보았으며 70대에서도 잘하는 기공을 보았다. 그러나 일반적으로 20대는 경험부족으로 인한 것이 크고 60,70대에서는 신체활동능력이 떨어져서 아무래도 좋지 못하다. 일단 시력저하가 있어서 정밀한 시공이 불가한 경우가 있다.

나쁜 시공자를 만난 경우

시공자들 중에 일반소비자를 상대로 사기를 치는 경우가 많다. 나 같은 베테랑에게도 사기를 치려고 하는데 일반 소비자분들에게는 오죽할까? 일을 하다가 처음에 정한 견적대로 하지 않고 말을 바꾸어 더 돈을 달라는 경우가 참 많이 발생한다. 중간에 그 일을 그만 두고 간다면 다른 시공자가 그것을 이어서 할 수 있지 못할 것이라는 생각을 베이스에 깔고 있는 것이다. 또 한 가지 방법은 기존일을 품을 늘리거나 자재가 없어서 못하니 특정자재를 안 가져오면 공사진행이 안 된다고 하는 경우도 참 많다. 이렇게 되면 셀프 인테리어 한 것을 후회하게 된다. 어쩌면 이 책은 그러한 케이스를 없애기 위해 쓰는 이유가 첫 번째 이유일 것이다. 시공자에게 이것은 이러하고 저것은 저러하니 이해를 시켜서 공사를 원활하게 진행하게 하기 위해서는 기본적인 상식으로도 충분하다고 생각한다. 상식적으로 이상한 억측을 쓴다던가 일을 늘려서 하는 행동은 전문적인 지식을 가지고 있지 않다고 하더라도 알 수 있다.

인테리어 장비 중에는 과격한 장비들이 많다. 주로 절단기구들 또는 해머와 같은 부수는 장비들이다. 그런 것이 놓여있고 행위 또한 격한 장소에서 기공이 과격한 말투와 행동을 한다면 상황이 험악해지기 쉽다. 기공중에는 처음 만나는 실장과 기싸움을 통해 우위에 서려는 사람이 많다.

그런데 일반 소비자들은 공사 내용을 잘 모르니 하다 말고 화를 내거나 하면 더욱 힘들어지는 것이다. 이런 사람들을 만나면 그동안 일반적인 생활을 해온 일반 분들이 정상적인 판단이 될까? 당장 공포에 질려 기술자가 하자는 대로 하는 경우가 생긴다.

그런 시공자는 과감히 돌려보내는 것도 좋은 방법이다. 누군가 하다가만 것을 누가 이어서 할까? 이런 불안감이 있을 수도 있다. 그런데 한편으로 생각해 보면 전문가라면 누가 하다가 만것도 할 수 있어야 한다. 예를 들어 목공의 경우 누가 천정몰딩을 붙이다 만 것을 이어 붙여 나갈 수 있어야 하며 필름시공자라면 누가 일부 시공한 문과 문틀을 이어 붙여 나갈 수 있어야 한다. 뜻이 있으면 길이 있다. 다른 기술자에게 일당에 2~3만원 더 주면서 부탁한다면 더 좋은 시공자를 쉽게 찾을 수 있는 경우도 많다.

아이러니컬하게도 시공자중에 누가 진행하다가 중단된 공사를 좋아하는 사람도 있다. 더 큰 보수를 받을 수 있는 경우가 있는 것을 아는 것이다. 또한 일정이 몰린 공사를 좋아하는 그런 공사를 좋아하는 이상한(?) 기술자도 있다. 약점을 이용하기 좋다고 생각하는 것인데 정말 주의해서 공사를 해나가야 한다. 상대의 약점을 이용해서 고소득을 올릴 수 있다는 생각인데 인테리어 시공자가 얼마나 중요한지 여기서 알 수 있다.

일정에 맞추기 위해 야간 작업자를 섭외하는 경우도 있는데 일반적으로 야간작업은 하려는 사람이 없다. 정상적인 기공이라면 다음 일을 위해 야간에 작업을 하려 하지 않는다. 몸에 리듬이 깨져서 다음 일에 집중을 할 수 없기 때문이다. 우리가 낮에 일하고 밤에 쉬는 패턴은 오랜 인류역사이다. 밤에 일하고 낮에 쉬면 뭔가 생체리듬이 깨진다. 그래서 야간작업은 낮작업의 1.5배 또는 더블이다. 낮작업의 더블금액을 지불해야 하는 것을 알고 밤작업을 선호하는 기공도 있다. 하지만 이런 기술자는 특히 조심해야 한다.

중요한 것은 겁먹지 말고 차분히 어쩔 수 없으면 또 다른 시공자를 찾거나 일정을 연장하거나 그도 저도 안 되면 입주 후에 한다는 생각을 할 수 있다.

본인이 셀프 인테리어를 하는 경우 자신이 호스트이기 때문에 내가 오케이 하면 되니 더 자유로울 수 있다. 내가 호스트이기에 시간은 나의 편이다. 기본적으로 바닥만 깔 수 있다면 대부분 입주 후에도 가능하다. 뜻이 있으면 길이 있다. 너무 겁을 먹고 물러서면 안 된다.

Q&A 기술자가 와서 시공중에 실수를 해서 진행이 안 되었습니다. 그래도 일당을 지불해야 하나요?

물론 상황별로 다르겠지만 실수를 해서 일을 망쳤다고 해도 일당은 지불하는 것이 원칙이라고도 볼 수 있다. 하지만 기술자와 협의해서 일부만 지불하는 방식을 유도한다. 일당의 함정이라는 것은 자신이 실수로 인해 공사가 안 되었다고 하더라도 자신이 노력하다가 안 되었기에 돈을 달라는 일당기공이 참 많다. 그것은 상도의 상 도의적인 책임도 있고 무책임한 것이다. 하지만 일반적으로 일당은 하자보수의 책임이 없다는 것이 업계의 중론이다. 도급은 하자보수 책임도 있긴 하지만 하자보수를 안해주는 도급자도 있다. 반면 일당으로 왔지만 하자보수를 잘 해주는 기공들도 많다.

시공자들의 임금 책정법

일반적으로 시공자들의 페이는 크게 "품"이라는 하루 기준 일당과 턴키 개념 야리키리라고 하기도 하는 공정하나를 협의해서 정한 금액으로 하는 방식이 있다. 그리고 이른바 평당 얼마 면적당 얼마라는 방식, 3가지가 있을 수 있다. 이것은 공정별로 적합한 임금지불형태가 있다.

어떠한 임금 지불방식이라도 어느 정도 감을 잡으려면 일단 사용자재와 인건비를 계산해 보면 지금 지불될 금액이 많은지 적은지를 어느 정도 가늠할 수 있고 기술자에게 합리적으로 이야기하는 것도 가능하다.

01 목수- 목수는 턴키와 일당이라는 두 가지 임금지불방식이 있는데 일당으로 지불하는 방식이 유리하다. 하지만 일당이기에 대충 시간만 때우다 가려고 하거나 일을 늘려서 하루 더 하려는 경우가 많이 발생하므로 감리자가 공사 중에 지켜보고 현장에 있는 것이 유리하다.

02 타일- 타일은 주로 면적당 또는 화장실 하나당 얼마의 개념으로 임금지급방법이 편리하다. 예를 들어 사전에 거실 타일 크기와 종류를 말하고 면적당 얼마의 시공비를 받느냐고 물어 보거나 화장실 한칸당 덧방타일 시공비가 얼마냐고 물어보고 맞으면 하는 방식이다.

03 도배- 도배지가 몇롤이 들어갔는가? 도배사가 몇 명투입 되었는가를 기준으로 잡는다.
일반적으로 32평 국민평형 아파트 경우 도배사 5명(주로 첫째날 2명, 둘째날 3명) 5명인건비 이것을 5품이라 한다. 도배지가 25롤정도, 그리고 본드 같은 부자재가 도배지 평당 1000~3000원 책정된다.

정말 이해하기 어렵다면 적어도 위의 3가지 공정의 임금책정법만이라도 알아두면 좋다.

공정별로 기공과 준기공의 일당이 다르다. 만약 기공이 30만원이라면 준기공은 25만원 하는 정도인데 공정별로 가격차이는 있다. 그리고 해마다 기공의 일당은 오르고 있다. 일반적으로 목수 인건비가 먼저 오르고 그 다음 타일, 페인트, 마지막쯤에 도배가 오르는 경향이 있어 왔다.

최근 TV등에서 인테리어 타일, 목수등의 인건비가 치솟고 있고 고소득이 가능하다고 하여 타일등에 젊은 인력이 늘어난 현상이 있었다. 인테리어 공정 중에 가장 힘든 것이 타일인데 그래서 인지 타일이 인건비가 안 오르고 이번에는 도배가 올랐다. TV등 매스컴에서 도배가 돈이 안 된다는 보도가 있었다고 한다. 그래서 인지 도배사가 되려는 젊은이들이 줄어들어 도배사가 없어서 도배사 인건비가 올랐다고 한다.

시공자들의 임금 지불시기

시공자들의 임금지불 시기는 일당과 도급이 조금 다르며 기술자마다 다를 수 있다. 상식적으로 자재나 맞춤제작 가구 같은 것은 선불을 지급한다. 그런데 인건비는 언제 지불하는 것이 좋을까? 일당은 원칙적으로 하루 일이 끝나면 바로 그 날 일당을 지불하는 것이 원칙이다. 그러나 필름처럼 2~3일 공정이 계속 되는 경우 모두 끝나고 지불 할 수 있다. 5일 이상 지속되는 공정의 경우는 중간에 한번 중간정산 형식의 지불도 있을 수 있다. 그것은 기술자와 상의를 통해서 지불하면 된다.

도급방식 즉 턴키방식의 경우는 먼저 기술자와 협의를 통해서 정하는 방식이다. 주로 자재비를 먼저 주고 나머지를 후불로 주거나 계약금, 중도금, 잔금 형식으로 준다. 단 여기서 한가지, 자재비를 제외한 인건비의 경우 후불을 기준으로 한다. 일을 하지 않았는데 지불할 필요는 없다. 만약 선불로 지불하게 되면 인테리어의 주도권이 시공자에게 넘어가서 골치 아플 수 있다.

선불을 요구하는 기술자가 만약 있다면 기술자 교체를 검토해 보는 것도 좋다. 왜냐하면 이 사람은 선불을 받고 계속 시공의 어려움등 이상한(?) 이유를 대면서 시공비를 더 올리는 경우가 종종 있기 때문이다.

선금 50% 이상 달라고 하는 사람은 무조건 거른다.

선금을 50% 이상 달라고 하는 사람은 일단 어떤 조건이던 거른다.

인테리어 철칙이다. 기술자중에는 자기 자랑만 늘어 놓고 일안하는 사람이 무척 많다. 내가 그동안 만난 무수히 많은 기술자들중에 중에 선금을 50% 이상 달라고 하는 사람 중에 일을 제대로 하는 사람을 본 적은 거의 없다.

물론 예외인 경우가 있을 것이다. 지인의 소개라든가 알던 사람, 즉 신용이 확인된 사람이 아니라면 특히 경계해야 한다. 이 책을 읽는 독자라면 이것 한 가지만이라도 내말을 들어 주었으면 한다. 일정이 급박하고 어떤 어려움이 있더라도 선금을 50% 이상 달라는 사람은 제대로 된 사람이 없다고 생각하면 된다.

자재상에서 자재를 사오는 경우는 당연히 100% 선지급이다. 우리가 슈퍼마켓에서 물건을 살때 돈을 지불하고 사오는 건 당연한 거다. 하지만 인건비를 포함한 턴키 공사에서 선금을 50% 이상 달라는 사람은 사기꾼이라고 생각하면 된다. 나는 정말 급박한 공사에서 일할 사람이 없어서 어쩔 수 없이 선금50%를 달라는 요구를 들어준 경우가 몇 번있다. 그러나 그런 경우 사람의 급박한 심정을 이용한 사기일 경우가 많았다. 왜? 선금을 50% 나 요구할까? 선금을 50% 이상 준 경우 그 공사는 주도권은 시공자에게 넘어간다.

아무리 큰 인테리어회사라도 정규직 기술자를 고용하기 힘든 이유

전에 다녔던 종합건설회사 대표가 나에게 전화가 왔다. 금속철 잘하는 사람을 소개해달라는 것이다. 이렇게 큰 회사도 그때그때 인력수급을 하는 경우가 대부분인 이유는 기술자의 임금이 정규직으로 잡아두려면 페이가 높아 힘들기 때문이다. 일반적인 기술자들이 못 벌 때 500만원 벌고, 많이 벌 때는 2000만원정도 월수입을 가져간다고 하니 이런 사람들을 정규직으로 고용하려면 얼마나 주어야 할까? 회사 운영이 안될 것이다.

큰 인테리어나 건축회사에 간혹 시공자가 정규직으로 있는 경우가 있는데 대부분 나이가 많아서 활동성이 떨어졌거나 몸을 다쳐서 많이 움직일 수 없고 조금조금 일하며 정규적인 페이를 받기를 원하는 사람들이 대부분이다.

갈수록 인테리어와 건축공사가 힘들어 지는 이유

인테리어나 건축 현장에 인력난을 겪고 있는 것이 어제오늘 일이 아니지만 최근은 정말 심각하다. 젊은 사람의 유입은 적고 현재 기술자들은 늙어가고 있다. 젊은 사람들이 있다고 해도 숙련공이 드물다. 우리가 물건을 돈을 주고 구입하면 그에 따른 혜택을 받으려 한다. 그런데 우리가 돈을 주고 고용한 기술자들은 거기에 더해 자신들의 기분(?)까지 맞추어 주지 않으면 일을 하지 않고 화를 내고 가는 사람들이 있다. 내가 돈을 내고 고용한 사람이 거기 더해 예의를 갖추지 않으면 간다는 것이 참 웃긴 일이다고 생각이 들겠지만 노가다 쪽에서는 그런 문화가 정착된 것 같다. 그런 것이 성립되는 이유는 근본적으로 숙련공은 드물고 일은 많다는 베이스가 있기 때문이다. 이 현장에서 안 해도 다른 현장도 많다. 노가다를 하려는 사람이 드물기 때문이다. 사실 누가 이렇게 더럽고 먼지 많이 나는 현장에서 자신의 수명을 단축시키면서 힘든 일을 할까? 노가다 판에 있는 대부분의 사람들은 돈을 별면 떠나려는 사람들이 대부분이다. 정상적인 비즈니스 협상 형식인 돈을 지불했으면 그만큼의 서비스를 받아야 한다. 그런데 노가다 인력들에게는 거기에 더해 기분도 조금(?)맞추어 주어야 한다.

힘들고 위험하고 더러운 일을 해주는 사람들의 수는 갈수록 줄고 있다. 거기에 인건비는 계속 오르고 그래도 하려는 사람은 줄고 있다. 앞으로는 인테리어나 건축을 하고 싶어도 시공자가 없어서 못하는 날이 머지 않았다.

아니 현장 최전선에 있는 나로서는 이미 와있다고 느낀다.

사전에 기본적인 지식과 준비가 되었다면 공사를 시작한다. 물론 처음하는 것이라 두려움도 있다 그러나 부딪쳐서 해나가지 않으면 알 수 없는 것이 대부분인 인테리어 공사이기에 그리고 알고 하면 재미없는 부분도 있을 수 있는 것이기에 하나의 즐거운 이벤트라고 생각하고 실행한다.

인테리어 Tip 동네 인테리어 업체의 활용

셀프 인테리어를 구상함에 있어서 간혹 주위에서 내가 일정관계상 인테리어를 진행해줄 수 없다면 기술자들만 보내 줄 수 없냐? 라는 요청을 간혹 받는다. 공정별로 기술자별로 좋은 기술자들은 인테리어 주최자가 초보여도 잘 보좌하면서 인테리어를 성공적으로 이끌 수 있을 것이다.

자신없는 공정을 동네 인테리어 업체에 의뢰하고 덤으로 모르는 부분을 질문하면서 셀프 인테리어를 진행하는 것도 한 방법이다.

물론 신용할 수 있는 업체를 골라야 한다.

시공비의 구성

"자재비와 인건비"

시공비는 자재비와 인건비로 구성되어 있다. 이것은 핵심 중에 핵심. 그 공사를 수행함에 있어서 들어가는 비용이다. 즉 자재비와 인건비 그리고 부수적인 자재운반비를 안다면 바가지를 쓸 이유가 없어진다.

공정별로 들어가는 주요 자재와 현재 인건비 즉. 기공과 준기공의 임금수준을 안다면 기술자들과 이야기하는 것이 편해지고 이해시키거나 이해하는 것이 가능해진다.

공정별 인테리어 시공

주민동의서와 엘리베이터 보양, 그리고 주동선 보양등등 사전 준비가 되어있다면 제일 먼저 철거부터 시작이다.

철거

철거를 무작정 때려 부수고 버리고 하는 것으로 생각하면 곤란하다.

어찌 보면 철거가 인테리어의 꿀파트라고 할 정도로 액기스이다. 일단 철거를 잘해두어야 다음공정의 진행이 편리하다. 그리고 인테리어를 주최하는 입장으로 공사비를 줄일 수도 있고 더 지불할 수 있고 하는 조정이 가능한 구역이다. 본인이 철거비를 철거인력과 폐자재 버리는 비용을 잘 조율한다면 여기서 총공사비를 많이 세이브 할 수 있는 분야이기도 하다.

제일 중요한 것은 깔끔한 철거, 그 다음이 경제성이라고 할 수 있겠다.

그리고 철거 후 설비작업을 할 줄 아는 철거오야지를 만난다면 이것 또한 공정상으로나 경제적으로 이득이 될 수 있다

만약 처음 공사를 진행한다면 현장에서 철거반장을 사전에 만나 현장을 같이 둘러 보는 것도 좋다. 유능한 철거반장이라면 무엇이 필요한지를 알것이다.

철거 비용 견적을 내기 위해서는 온라인 카페등에 철거할 내용과 사진을 올려서 일종의 경매진행 방식으로 견적을 받아본다. 인터넷 카페, 밴드 등을 활용하면 된다. 너무 싸게 견적을 낸 사람은 일단 조심한다. 철거도 이윤을 남기는 것은 비슷함으로 터무니 없이 싸게 내는 사람은 현장에 와서 딴소리하는 경우가 많기 때문이다.

특히 철거는 거친 사람이 많다. 특별한 큰 기술 없이 할 수 있는 것이다 보니 시장 참가자도 많고 격한 사람도 많다. 전화통화를 하면서 그 사람이 어떤 분위기인지 사전에 탐색해 보는 것도 좋고 와서 딴소리 하는 분들 사절이라고 카페글에 띄어 놓으면 경고가 될 수 있다. 철거는 공사 제일 먼저 시작하는 공정이니 진상철거 업체를 만났다면 바로 차비 등을 주고 돌려 보내는 것이 좋다. 그래도 철거는 초기 공정이기에 일정조정에는 큰 무리가 없는 경우가 많다.

<table>
<tr><td>문철거</td><td>바닥철거</td></tr>
</table>

인테리어 Tip 철거시 꼭 체크포인트

01 철거 후 화장실이나 주방쪽 누수가 되는지 꼭 확인할 것이다. 싱크대를 철거하거나 화장실 위생기구를 철거하게 되는 경우 배관을 잘 막지 않으면 그 곳에서 물이 누수되어 밑에 집에 새는 경우가 흔히 발생한다. 정말 주의해야 할 것으로 특히 싱크대 앵글밸브 연결부분 누수 확인은 필수이다. 확인 방법 은 눈으로 보는 것과 이음새 부분을 손으로 만져 보는 방법을 쓴다. 화장실이 라면 누수가 되어도 어차피 화장실 하수구로 빠지지만 싱크대 냉온수 누수는 바로 밑에 집에 물이 세게 된다. 요주의 항목!

02 천정몰딩을 철거할 때 미리 칼집을 내고 철거하는지 확인하여야 한다. 천정몰딩을 단순히 힘으로 철거하면 주위 석고보드가 부서지기에 주위를 한 번 칼집을 내고 철거해야 한다. 만약 그냥 도구로 철거할 경우 주위 벽면에 손 상을 주게 되어 후행공정인 페인트나 도배를 할 때 어려움을 주게 된다.

03 화장실 철거시 가장 조심해야 할 것 중의 하나는 철거하면서 하수구가 막히는 것이다. 철거를 진행하다 보면 타일과 시멘트 가루가 들어가 막히게 되는데 하수구를 반드시 막고서 해야 한다. 목장갑이나 다른 도구로 막고 진행해야 하는데 전체 철거경우 많은 분진이 들어가 막히게 되면 하수구를 뚫는데 많은 비용이 들어갈 수 있다. **목공용 장갑** 등을 이용해서 공사 전에 막고 시작한다

04 철거 후 정리에 신경쓴다. 물체를 철거한 자리는 타카핀 같은 것이 있는 경우가 많다. 후행공정의 기술자가 그것을 처리해야 하고 일을 해야 하는데 철거단계에서 타카핀을 제거해서 바탕을 정리해 놓는다면 후행공정의 시간을 세이브 할 수 있다.

마루철거

마루철거는 일반철거 전에 하거나 후에도 가능한데 일반적으로 후에 하는 편이기는 하다 가장 소음이 많이 나는 공정이기에 반드시 밑에 집이나 옆집에는 통보하는 것이 좋다. 마루철거는 일반철거와 다른 공정이라고 보면 되어서 일반철거하시는 분에게 마루철거를 같이 의뢰하는 것이 아니라 따로 따로 의뢰한다. 물론 같이 하시는 분도 있지만 드문 편이다. 일반적으로 일반철거를 마루철거보다 먼저 하는 것이 일반적이지만 마루철거 후 일반철거를 하는 것도 무방하다.

마루철거는 평당 얼마라는 개념으로 받기에 견적 시비가 가장 적은 편이다. 실제 평수를 부풀리기 어렵기 때문이다. 마루 철거 후에 마루철거 기

사는 몇 평이 나왔다고 이야기 해줄 것이다. 이것으로 나중에 마루가 되었던 포셀린 타일이 되었던 철거 평수를 알고 있으니 평수 계산에 도움이 될 것이다. 물론 나중에 설치되는 마루나 타일은 로스분까지 포함하기에 철거 평수보다 더 나온다.

마루철거시에 맥반석 본드를 사용한 현장은 철거비를 더 받는다. 과거 몇 아파트에 건강에 좋다하여 맥반석 본드를 사용한 현장이 있는데 마루철거시 그런 현장이라면 평당 5000원정도를 추가하는게 일반적이다. 철거하기 어렵기 때문이다. 마루철거 기계에 들어가는 칼날도 좋은 걸로 써야하고 일단 마루철거가 빨리 되지 않아서 시간이 오래 걸리기 때문이다.

주상복합아파트 같이 철골 트러스트 구조로 되어 있는 건축물의 경우 철근이 1층에서부터 꼭대기까지 통으로 이어진 구조여서 만약 중간층에서 마루 철거를 하여도 꼭대기층까지 진동과 소음이 크게 전달될 수 있다. 주상복합아파트라든가 오피스텔등에서 업무를 보는 사람들이 낮시간이라도 마루철거 소음, 진동이 있을 경우 공사 중단을 요청할 수 있으니 주의해야 한다.

마루철거 모습

설비공사

　이른바 "눈탱이"이가 가장 많이 나오는 공정이다. 바가지 요금이 굉장히 많다. 왜냐하면 설비공사는 이른바 부르는게 값이요. 비용 노출이 가장 덜 된 분야이기 때문이다. 동네 설비를 불러도 더 큰 눈탱이요 아는 사람도 눈탱이, 인터넷 설비도 바가지이다. 마치 이 설비업계는 바가지를 씌우는게 당연한 듯 서로 바가지 씌우기 단합을 했는지 이유를 모르겠다.

　하지만 호랑이 굴에 들어가도 살아 날 수 있는 법. 설비 자재의 3가지와 상식수준에서 일어나는 부품을 한번 본다면 더 이상 바가지 쓸 일은 없을 것 같다. 설령 인터넷으로 알게 된 설비업자에 전화해보고 그 금액을 보고 놀랐더라도 설비업자의 경우 3~4시간 일했을 때 25만원정도 받는다면 후

하게 받는 편일 텐데 업자가 요구하는 자재를 가까운 철물점에서 사다 주고 협상해 보면 가격을 낮출 수 있는 경우도 있다.

설비자재 대표 3인방

01 에이콘(PB)

현대 설비공사에서 가장 많이 사용하는 자재인 듯 하다 과거 동관을 대체한 플라스틱 관으로 주택인테리어나 상업인테리어나 이 에이콘이 간편한 설치와 뛰어난 성능으로 평정을 했다고 해도 과언이 아니다. 보온, 보냉

효과가 뛰어나고 동파에도 강하며 내열성 또한 좋고 무독성으로 완전 만능 배관으로 가장 우수하고 편리한 관이다.

02 엑스엘(XL) 난방관

바닥난방배관용으로 주로 사용되는 관으로 현재 바닥난방배관용으로 가장 많이 쓰이기에 주택인테리어를 할 경우 꼭 알고 있어야 한다. 반투명하여 내부가 살짝 비추어 보이며 반영구적인 수명을 가지고 있다. 주로 거실이나 방을 확장했을 때 바닥 배관 연장에 많이 쓰인다. 독성이 있으므로 음용수용 배관으로 부적합하며 햇빛에 오래 노출되면 수명이 단축되어 갈라지는 현상을 보인다.

03 스텐 주름관

주로 보일러 배관같은 곳에 많이 쓰며 스텐으로 되어 있어서 외부충격에 강하고 주름관으로 자바라 형식이라 별도의 부속없이 변형이 자유로운 편이라 편리한 면이 있지만 바닥에 매립하면 부식이 일어날 수 있으로 주로 노출로 많이 쓰인다.

에이콘(PB)   XL관   스텐주름관

3가지 관의 종류를 알고 있으면 대부분 인테리어 설비는 커버가 된다. 그리고 연결관의 종류는 수십가지가 있지만 대표적으로 밑의 4가지만 일단 알아보자. 이런 이음관 종류 몇가지만 알고 있어도 큰 도움이 된다.

01 소켓: 관이 잘렸을 때 서로를 연결하는 관으로 많이 쓰인다.

02 엘보우:팔꿈치라는 뜻에서 알 수 있듯이 기억자로 구부린 모습을 하고 있어서 에이콘이나 엑스엘 관의 방향을 전환할 때 주로 쓰인다.

03 레듀샤: 처음에 레듀샤라는 단어를 들었을 때 메듀샤라는 단어가 떠올랐는데 이것은 reducer라는 줄여준다는 영어의 일본식발음이 우리나라에서 공용어로 통용되는 단어중 하나이다. 어떤 관의 지름을 줄이거나 반대로 늘릴 때 사용된다. 예를 들어 우리나라 수도관은 15mm관이 기본인데 20mm나 25mm인 관을 15mm로 맞추기 위해 줄일 때 쓰인다.

04 T형 관: 하나의 관에 하나를 더 더할 때 사용한다. 지름이 다를 경우 이경 T라고도 부른다.

그 외 여러 가지 연결관의 종류가 많은데 대표적으로 위의 4가지만 소개하겠다 4가지만 알아도 기본적인 설비공사의 자재를 이해하는데 큰 도움이 된다. 더 많은 관의 종류를 알기 위해서는 유튜브나 네이버블로그등을 검색하면 쉽게 여러종류의 관을 알 수 있다.

벽체단열, 바닥확장공사

단열공사는 주로 방이나 거실을 확장했을 때 외벽이나 그 위 천정을 마감하는 작업이다. 벽체 마감은 주로 열반사필름과 아이소핑크(30t),한치각 (다루끼)와 우레탄 폼으로 마감한다.

바닥난방배관확장은 제일 밑에 열반사 필름을 깔고 메쉬와이어를 이용하여 엑스엘관을 배치하고 미장을 한다.

목공

상가등 상업공간에서 목수의 역할은 절대적이다. 그러나 주거용 아파트 현장에 있어서 목공은 주로 가벽, 천정몰딩, 우물천정이 주를 이룬다. 그 외 확장공사, 구멍난 곳 땜방이라던가 자잘한 일들이 대부분이다. 가구를 목수가 만든다고 생각하시는 분들이 많은데 가구는 싱크대나 가구 공장에서 제작해서 들어오고 목수는 아파트 현장에서 현장작업이 필요한 목공작업을 담당한다.

현재 목수는 일당 시스템으로 되어 있다. 그래서 하루 안에 되도록이면 많은 일을 목수들에게 하게 하는 것이 인테리어실장 또는 작업감리자의 가장 큰 역할이다. 오전 9시에 시작해서 오후4~5시까지로 정해진 하루동안 주어진 시간에서 작업감독자가 없다면 일당목수들은 일을 천천히 하거나 일을 늘려서 하는 경우가 빈번히 발생 한다. 하루 일량을 하루하고 반일분량을 더해 하루 반으로 늘리거나 그 두배로 늘려 이틀의 일당을 받으려 하는 경우가 대부분이다.

이런 목공작업자의 생리를 기본적으로 알고 있다면 작업감독자는 일반적으로 하루 목수가 얼마나 일을 하는 것이 적당한 것인가를 알아둘 필요가 있다.

대표적으로 가벽인 경우 투플라이(한쪽면에 2장의 석고를 겹치게 시공하는 방식)석고벽을 만든다고 가정했을 때 하루 4미터(높이2400mm)정도를 만들었다면 중간정도, 그 이상이면 작업량을 충족했다고 보면 될 것이다. 벽 시공이 많으므로 이것을 기준으로 삼는다.

천정몰딩 경우 몰딩만 전문으로 하는 목수에게 의뢰한다면 만족할만한 물량을 뽑을 수 있다. 신규 아파트 현장등에는 천정몰딩만 시공하는 목수들이 있다. 천정몰딩만 작업하기에 작업속도가 빠르다. 단 다른 목공공정에는 느릴 수 있으니 체크가 필요하다. 전문적으로 천정몰딩을 잘하는 목수 경우에는 30평대 아파트 전체를 하루면 충분히 돌리고도 남는다. 하지만 천정몰딩을 전문으로 하지 않은 목수는 그렇지 못할 수도 있다.
일반적으로 평몰딩이나 마이너스 몰딩을 이야기 하는 것으로 만약 갈매기 몰딩인 경우 평몰딩에서 비해서 시공속도는 절반으로 떨어진다.

터닝도어 목공작업   **웨인스코팅 목공작업**

한편으로 목공 장비를 알아야 목수들과 대화할 수 있다

　필수장비는 각도절단기, 타카, 톱다이, 원형톱 정도라고 볼 수 있으며 이 중 각도절단기와 타카와 콤프레샤는 반드시 있어야 한다.

　우선 타카는 타카의 종류에 대해 알아야 한다.

　F30 타카: 타카의 기본으로 앞의 3자는 3cm길이를 의미한다. 심이 실타 카에 비해 두꺼운 편이므로 비교적 강한 고정작업에 요긴하다.

　실타카: 일반적으로 630, 625, 618로 불리기도 하는데 30, 25, 18은 핀의 길이를 의미한다. 타카들은 모두 타카 자국이 생기는데 깊게 박아야 할곳

이 있고 짧게 박아도 충분한 경우가 있으니 자재 두께에 따라 선택하면 좋다. 실타카는 고정력이 약하지만 타카자국이 제일 작아서 자국이 남지 않아야 되는 면에 주로 쓰인다.

422 타카: 이것은 유일하게 디귿자로 생긴 타카핀으로서 자재를 확실히 잡아주어야 할 때 주로 사용하며 벽체나 천정작업에 많이 쓰인다. 일반적으로 뒤에 J자가 표기되는데 J자가 표기되어있으면 디귿자형 타카핀이라고 보면 된다.

대타카: 대타카는 말그대로 아주 길고 큰 타카이고 주로 구조체나 강한 고정을 원할 때 사용되는데 주로 DT64와 ST45이다 DT는 목재에 박는 것 ST는 주로 콘크리트에 구조목을 박는데 쓰인다.

위의 4가지 타카만 있다면 웬만한 목공공정은 다 할 수 있다. 그리고 반드시 알아두어야 할 것이 있는데 타카총에 따라 사용하는 타카핀이 다르다는 것이다.

예를 들어 실타카총에 F30타카핀을 넣고 발사를 하면 타카핀이 내부에서 막히게 되어 수리를 하지 않으면 못쓰게 된다. 즉 타카핀에 맞는 타카총이 다르다는 것이다.

이러한 타카는 콤프레샤라는 압축공기를 제공해주는 기기와 같이 쓰인다.

F30   대타카

실타카   422 타카

세계적인 유명 공구 브랜드

  인테리어 현장에서 사용되는 브랜드 중에 어떤 브랜드가 있으며 어떤 것
이 성능이 좋을까? 이런 것도 알고 있으면 좋다. 뭐 인테리어를 안 하더라
도 그냥 상식으로 알아 두면 좋다. 일단 인테리어 현장에서 쓰이는 공구 브
랜드는 너무 많지만 기본적으로 미국의 밀워키와 디월트 , 일본의 마끼다가
가장 많이 쓰인다. 이른바 장비빨이라는 것이 있다. 장비가 좋으면 가공이
용이하다. 내가 잘하는 것이 아니라 장비가 좋아서 잘할 때도 있다. 명필이
붓을 가리나 하는 이야기가 있지만 시공분야에는 사람도 좋아야 하며 공
구, 장비도 좋아야 한다.

01 마끼다

로고	제품모습	비고
makita		1915년 전기모터판매,수리로부터 시작한 마끼다는 1958년, 일본에서 전기 대패를 최초로 생산하고, 판매하는 회사가 되었고 세계적인 전동 공구 전문회사이다. 우리나라에도 사용층이 매우 두텁다.

02 디월트

로고	제품모습	비고
DEWALT		1922년 레이몬드 디월트에 의해 설립된 디월트는 수십여 년간 뛰어난 품질과 내구성으로 전 전세계의 전문 기술자, 공업 및 상업분야의 작업자, 제조 분야의 종사자들의 신뢰하는 제품이다.

03 밀워키

로고	제품모습	비고
Milwaukee		1924년 창사 이래 혁신적이고 특화된 솔루션을 제공하는데 모든 역량을 집중하여 공구 산업을 이끌어온 밀워키는 성능과 내구성 등 모든 면에서 마켓을 선도하고 있다. 국내에서는 최고 프리미엄 브랜드의 입지를 구축했으며 3개 제품중 가장 비싸다.

이 세가지 브랜드가 전동공구 측정공구 함마, 유압공구등 인테리어 공구의 메이저 브랜드이기에 어떤 제품을 구입해도 중간이상은 한다. 세가지 브랜드 중 밀워키의 가격이 제일 높은 편이고 중간이 디월트, 마끼다가 가장 저렴한 편이다. 각사마다 밧데리 규격이 틀리기 때문에 밧데리 호환때문에 같은 브랜드를 구입하는게 이득이다.

이런 메이져 브랜드 이외에도 엄청나게 많은 브랜드가 존재한다. 그 중 힐티라는 브랜드는 중장비쪽으로 유명하며 가격도 비싸다. 하지만 품질이 뛰어나 업계에서 존경받는 브랜드이다.

우라나라의 자랑 아임삭

인테리어 시공에 있어서 기본 중 기본 공구 중에 전동드라이버가 있는데 전동드라이버는 시공 공정 중 안 필요한 공정이 없다. 그런데 전동드라이버 쪽에는 아임삭이라는 국내 브랜드가 있다. 지금도 아임삭이 국내 브랜드라는 것이 믿기지 않는다. 1989년 설립된 회사인데 외국 어느 제품에 못지 않다. 나는 아임삭이 처음에 유럽 제품인 줄 알았다. 우리나라에 이런 좋은 제품이 있다니 정말 자랑스럽다. 전동공구 특히 전동드라이버, 멀티 커터 등이 특히 우수하다. 개인적으로 최애 브랜드이다. 특히 로터리 해머드릴, 일반 임펙트 해머드릴, 전동드라이버, 앵글 그라인더 등이 우수하다.

입문으로 아임삭의 임팩트 드라이버와 해머 드라이버가 콤보로 들어 있는 제품을 적극 추천한다. 해머기능은 드라이버를 박거나 구멍을 낼때 드릴비트가 앞뒤로 움직이면서 힘을 더한다. 임팩트 기능도 비트가 회전할 때 약간 떨어주기에 도리어 초보자가 피스의 십자와 일자에 날이 들어맞지 않는 부분을 보완해 준다. 아임삭은 특히 그립감이 좋으며 무게가 가볍다. 아임삭이 있기에 우리나라를 공구 후진국이라 부르기 힘들것이다. 개인적으로 세계 최고 수준이라고 생각한다. 아임삭과 같이 일하는 현장은 정말 편하게 시공할 수 있다.

COMPACT SERIES

AO 414RMII 3G   COMBO

14.4V 드라이버 드릴, 임팩트 드라이버

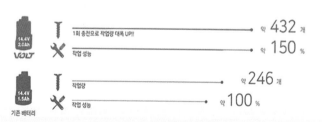

각도 절단기

인테리어 목공공구 중에 제일 많이 사용되는 것이 아마 각도 절단기일것 같다. 주로 목재 절단을 위해 사용하는데 10인치 모델이 주로 사용된다.

슬라이딩 각도 절단기는 톱날이 이동할 수 있어서 조금 더 길게 자를 수 있다.

일반 각도절단기(10인치)   슬라이드 각도 절단기

멀티 커터

물체의 가운데 구멍을 내서 절
단한다던가 좁은 면 정리가 가능
하다. 말그대로 다기능 커터이다.
전동 사포로도 활약이 가능하다.
최근 현장에 계신 나이드신 목수
분이 멀티 커터를 모르시는 분이
계셨는데 유용하게 쓰일때가 많다.

목공자재

한치각(다루끼)-12개가 한 묶음으로 이것을 한단으로 하여 한단 단위로 판매한다. 기다란 목각재이다. 27x27x3600mm 사이즈

한치각(다루끼) 출처: 바나나 목재

투바이포(투바이)-6개가 한 묶음으로 이것을 한단으로 판매하는데 구조체로 쓰일 벽체등에 주로 사용된다. 이 또한 기다란 목각재이다.

30x69x3600mm 사이즈

위 두 가지 자재는 대표적인 목공 각재로 원래 길이가 3300mm또는 3600mm이니 주문할 때 자재상에 2400mm으로 절단을 해달라고 하면 잘라서 배달된다. 2400mm 길이가 일반적으로 엘리베이터에 들어오기 편하니 가능하면 잘라 달라고 하는 것이 좋다. 어떤 경우에는 예를 들어 천정이 높은 상가등의 시공에는 3600mm가 요긴 하게 쓰이는 경우도 있다. 현장이 저층일 경우, 계단으로 올려서 자재를 받으면 된다. 그러나 고층일 경우 자재를 사다리차로 받는것이 더 일손이 덜들어가는 일도 발생한다. 그러므로 현장상황을 고려해야 한다.

석고보드
석고보드는 목공의 주재료 중 가장 많이 쓰이는 자재이다. 칼로 살짝만 긋고 뒷면에서 구부리면 쉽게 절단된다. 불연, 흡음재이기도 하여 세계적으로 가장 많이 쓰이는 목공자재이다. 가격이 저렴한 것이 최대 장점이긴 하나 쉽게 부서지는 것이 단점이다. 그래서 코너에는 MDF를 대고 마감하는 경우가 대부분이다.

MDF
고온에서 해섬하여 얻은 목섬유를 접착제와 결합시켜 가공한 합판이다. 석고보드와 더불어 가장 많이 쓰이는 목공 판재인데 주로 9T를 많이 사용한다. 그 외 가구를 만들때는 18T가 주로 쓰이며 다양한 두께가 나오니 두께에 따라 선택하면 된다. 두께는 3t부터 30t까지 다양하다. 온장(원래 기본이 되는 원장 크기) 1220x2440인데 크기가 크므로 가운데로 610x2440으로 자재상에서 절단해서 배달받는게 좋다. 길게 자르기에 이것을 길이 절단이라고 부른다. 엘리베이터에 안들어 가는 경우를 대비해서이다. 최근 고

밀도 MDF라고 해서 밀도를 높인 MDF도 있다.

합판

합판은 표면이 매끄럽지는 않으나 튼튼하여 거실벽에 tv를 벽걸로 설치한다던가 할 때 또는 선반을 설치한다던가 문을 달아 놓아야 하는 천정 등에 주로 사용하는 것인데 또한 다양한 두께가 나온다. 최대 단점은 판재 중 그래도 조금 가격이 비싼 것이다. 목재합판은 얇은 입자의 원목 단판을 나뭇결 방향이 서로 엇갈리게 하여 겹쳐 만든 것이 목재합판이다. 사용되는 나무에 따라 일반합판, 베니어합판, 남양재합판, 나왕합판으로도 불리우나 정확한 명칭이 조금씩 다르다. 물에 강한 방수 합판도 있다.

목공용 본드, 실리콘

타카는 일종의 못인데 본드를 바르고 타카를 박아야 더 튼튼한 접합이 가능하다 경우에 따라 실리콘을 사용하는데 투명실리콘이 접착력이 좋다고 한다. 실리콘은 비초산실리콘을 쓰며 도배나 페인트가 닿는 부분에는 수성실리콘을 사용한다.

자재 발주하는 방법

모든 인테리어 자재는 주의해야 할 것이 하나 있다. 이것이 핵심중에 하나인데 해당 현장 **엘리베이터 사이즈, 크기**이다. 엘리베이터에 들어가지 않는 자재는 계단으로 올리거나 스카이나 사다리차, 클래인으로 올려야 하는데 현장상황이 매우 중요하다.

석고보드는 900x1800사이즈로 1.62헤베이다. 설치될 면적을 계산하여 로스율을 10~20프로정도 주어 넉넉하게 주문한다. 투바이등 각재는 벽체 길이 3.5미터(높이:2300mm기준)에 한단을 기준으로 하여 물량을 뽑아 둔다.

현장에서 자주 이야기하는 48사이즈와 36사이즈

인테리어를 하게 되면 48이냐? 36이냐 하는 이야기를 많이 듣게 된다.

일반적으로 넓은 판자재의 크기를 말하는 것이다. 합판이나 아이소 핑크 등 단열재등등, 큰 합판 종류를 말할 때 쓴다.

36사이즈 = 910mm * 1830mm

48사이즈 = 1220mm * 2440mm

사이즈에서 나타나는 숫자 (36 , 48)는 합판사이즈는 규격명에 통상적으로 쓰이는 공용 치수이며 1자당 303mm 로 규격화 된다.

예를 들어 8.5T 48 사이즈를 말씀하시는 분들은

두께 = 8.5mm

사이즈 = 1220mm * 2440mm 를 의미하는 것이다.

인테리어 Tip 목공자재 발주는 공사 당일오전에 쓸 물량만 주문한다

필자가 가장 많이 하는 방법은 작업 전날 체크하여 석고보드 몇장, MDF 몇장과 목공본드3개, 한치각 한단, 투바이 한단을 2400절단하여 주문하고 작업당일 아침8시에 자재를 받은 후 목수와 같이 양중(세대까지 자재를 올리는 것)하고 나서 일을 하면서 추가 필요자재를 목수에 물어 주문하게 되면 오전일은 기존 자재로 일하는 중에 추가 자재가 도착하니 목수가 일을 못하는 시간이 없다. 일반적으로 공사현장은 자재를 2~3번 정도 더 시키는 경우가 대부분이니 이것이 더 효율적인 경우가 있다. 심지어 일하는 사람도 정확하게 들어가는 물량을 모르는 경우가 많다. 이른바 해보아야지 알 수 있는 것이다.

투바이 같은 각재는 원래 3300mm또는 3600mm 정도 길이인데 엘리베이터에 안 들어가는 경우가 대부분이기에 자재를 주문할 때 2400mm으로 절단해서 받는 것이다.

Q&A 아파트 공사시 아파트 전문 목수가 따로 있나요?

아파트 전문 목수가 따로 있나 없나 라고 질문한다면 따로 있다고 할 수 있겠다. 아무래도 아파트를 많이 해본 목수와 다른 것을 많이 해본 목수는 다른 면이 있다. 전반적으로 주거쪽 목수는 섬세함을 요한다. 집은 두고두고 보게 된다. 하지만 상업공간은 어느 정도 디테일이 떨어져도 누가 크게 뭐라 하지 않는다. 아파트의 경우 섬세한 작업이 가능하며 아파트를 많이 해본 목수가 좋다. 무엇이든 그 분야를 많이 해 본 사람이 잘하듯이 목수도 그런것 같다.

천정몰딩 공사

대표적으로 아파트에 많이 하는 공사 중의 하나가 천정몰딩 공사이다. 예전 두꺼운 몰딩만 가드다란 몰딩으로 교체하여도 집이 모던해 진다. 몰딩 공사하는 방법은 현장에 따라 여러 가지 형태로 나온다.

01 기존현장이 두꺼운 갈매기 몰딩일 경우

기존현장이 두꺼운 갈매기 몰딩일 경우에는 기존 몰딩을 제거 해야 한다. 앞에서 설명한데로 기존몰딩 양옆으로 칼집을 내고 요령 있게 철거하지 않으면 기존 석고보드가 같이 떨어져 마감이 좋지 못하게 된다. 그것을 피하기 위해 숙련된 철거 기술자를 쓰던가, 철거시작전에 철거기공에게 주지 시켜야 한다.

02 기존현장이 얇은 갈매기몰딩이나 일자 몰딩일 경우

이 경우는 기존 몰딩을 뜯어내지 않고 더 큰 갈매기 몰딩으로 덧방을 치는 공사를 많이 한다. 오래되어서 곧 재건축에 임박한 아파트를 수리하는 경우 큰 비용을 들이지 않고 하기 위해서이다. 그렇게 하면 철거비를 절약할 수 있다. 기존 몰딩을 철거하지 않음으로 해서 기존 구조를 손상시키지도 않는다.

현재 많이 쓰이는 마이나스 몰딩은 크게 두 가지 종류가 있다. 이계단 몰딩이라고 부르는 계단몰딩인데 이것을 현재 마이나스 몰딩이라고 부르는 경우가 많다. 현장상황에 따라 인코스와 아웃코스를 바꾸어서 시공한다. 원래는 두꺼운 면이 방쪽이고 얇은 쪽이 벽쪽이지만 벽쪽에 홈이 많은 경우는 두꺼운 면을 벽쪽으로 해서 시공해도 무방하다.

마이너스 몰딩이라는 것은 실제 천정면에서 들어간다고 해서 마이너스몰딩이니까 히든 마이너스 몰딩이라는 것이 진짜 마이너스 몰딩일 것이다. 그런데 이 히든 마이너스 몰딩은 천정을 원플라이(석고 한장을 붙인다는 의미) 석고를 친 후 두번째 석고를 칠때 끼워서 치는 방식을 하거나 석고 원플라이 시공을 할 때 끼워서 시공하는 방식이기에 손이 많이 간다. 손이 많이 간다는 것은 그만큼 시공비는 오른다는 뜻이다.

요즘 무몰딩 시공이 이슈인데 실제로 무몰딩 시공은 이 히든 마이너스 몰딩으로 하는 시공을 말한다. 경계면이 정리되어 깔끔하고 모던한 느낌을 준다. 무몰딩 시공이라고 해서 정말 아무 몰딩도 시공하지 않고 도배나 페인트로 최종 마감하는 방식도 있다. 이 경우에는 기억자 몰딩등으로 사전에 밑작업을 하지 않으면 천정과 벽이 만나는 경계가 두리뭉실해져서 깔끔한 느낌이 없어질 수 있다.

최근 마이너스 몰딩 공사를 다양한 방법으로 치루어 보니 현장상황이 좋은 경우는 히든 마이나스 몰딩이나 무몰딩 방식, 그리고 비용이나 현장상황이 불규칙하고 낡은 아파트 공사의 경우 이계단 마이나스 몰딩이 나아 보였다.

이것도 현장에 있는 목수와 상의해서 결정하면 된다.

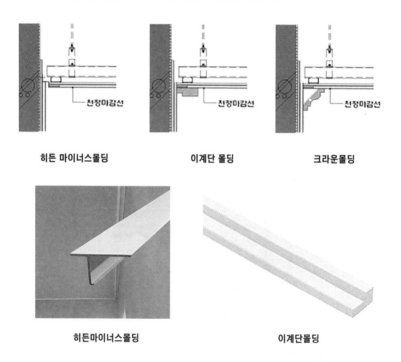

히든 마이너스몰딩   이계단 몰딩   크라운몰딩

히든마이너스몰딩   이계단몰딩

문틀, 문짝 교체하는 경우

아파트등 주택인테리어 필수적으로 문이 들어가는데 문짝만 교체하는 경우 또는 문틀과 문짝 모두를 교체하는 경우가 있다. 문짝만 교체하는 경우 문틀을 필름으로 감싼다면 문과 문틀의 간격은 이지경첩 시공인 경우 7~8mm를 뺀 치수를 사용한다.

문짝과 문틀 모두 재시공하는 경우 문과 문틀 전체 철거후 오픈 된 면에서 문틀을 상하좌우 1cm씩 작게 발주한다. 현재 달려있는 문틀과 같게 주문할 수도 있긴 한데 가능한 0.5cm라도 작게 주문하는 것이 좋다. 같은 싸이즈라도 아파트를 지을 때 시공된 다용도실문등으로 빠져 나오고 나면 그틀보다 조금 작게 넣어야 잘들어가는 경우가 많기 때문이다.

현재 문시공에서 있어서 이지경첩이라는 경첩을 주로 사용하는데 시공이 쉽기 때문이다. 그런데 문이 무거운 경우 예를 들어 시스템문짝등은 문을 전문으로 다루는 목수를 불러 일반경첩으로 시공해야 추후 하자를 방지 할 수 있다.

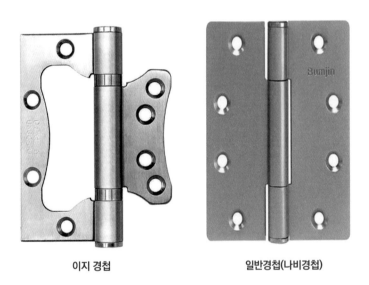

이지 경첩   일반경첩(나비경첩)

국내 유명 목공자재 브랜드

국내 유명 목공자재는 영림과 예림이 있다. 그 외 우딘, 재현하늘창등 많은 중소기업브랜드가 있다. 회사 마다 약간의 차이는 있는데 큰 품질차이는 못느끼겠다. 그나마 영림과 예림을 알아 주는 편이긴 하나 다른 회사 제품과 품질 차이를 그리 못느낄 정도이다. 그런데 하나 주의할 점은 회사마다 색상을 부르는 명칭이 다르다. 대표적으로 화이트 색상인데 백색도 회사별로 중백색, 순백색, 미백색 등 부르는 이름이 다르며 색상도 틀리므로 현장에 쓰는 목공자재는 같은 회사 제품을 주문하는 것이 좋다.

인테리어 Tip 문과 문틀발주는 미리한다

일반적으로 목공사는 초기 공사인데 문은 주문하면 5일에서 일주일정도 제작기간이 걸린다. 복잡하고 특수한 문이라면 더 걸리는 경우도 많다. 목공작업이 완료되어야 다음공정이 진행되는 경우도 많아서 미리 주문해 두지 않으면 안된다. 문틀이 설치되어야 수평, 수직이 나오며 그에 따른 추후 공정이 진행이 가능하다. 만약 목공공정 중 문틀, 문짝 공정등이 있다면 미리 목수를 섭외하여 사전에 현장방문하여 실측하고 문발주를 먼저하는 것을 추천한다. 문은 철거하지 않은 상태에서도 실측이 어느 정도 가능하다. 물론 문을 철거하고 실측하는 것이 더 좋다.

중문 공사

중문공사는 목공공사이긴 하지만 현장에서 목수가 만드는 것이 아니라 중문 회사에서 공장에서 만들어진 중문을 중문시공자가 설치하는 방식이다. 중문은 아파트 인테리어에 있어서 매우 중요한 부분으로 다양한 디자인의 제품이 출시되고 있다.

폴딩도어, 터닝도어등도 회사가 다르기 때문에 각각 회사에 주문하거나 해당 목수가 정해졌다면 터닝도어 정도는 대부분의 목수가 시공이 가능하기에 그 목수에게 시공을 요청하는 것도 비용절약 측면으로 좋다. 중문은 3연동과 스윙도어, 슬라이딩 도어 등이 있는데 현장에 맞는 문이 있으니 중문 업체와 협의하여 정하면 된다. 최근에는 디자인도 매우 다양해지고 좋은 퀄러티의 디자인이 많이 나오고 있다.

중문은 놓일 곳의 바닥이 어떤 바닥인가에 따라 설치를 편하게 정리해 두어야 한다. 기존에 레일이 있다면 제거하고 철거한 후 중문실측기사와 협의해야 한다. 바닥경사가 심하면 설치가 불가할 수 있기 때문에 사전에 협의가 중요하다.

전기 공사

전기공사 중 전기배선공사는 목공공사와 같이 공사초반에 실행되는 공정이다. 주로 주택에서 실행되는 전기 배선공사는 일반적인 배선공사를 제외한다면 다음 5가지가 있으니 반드시 5가지를 체크하고 넘어가야 한다.

01 인덕션용 전용선: 최근에는 가스렌지 대신에 인덕션을 사용하는 경우가 많으므로 차단기 용량을 올리고 인덕션용 전용 전기선을 독자적으로 빼는 것이 좋다. 우리나라는 일반적으로 2.5SQ(숫자는 굵기를 의미)의 전선을 많이 사용하는데 인덕션 전용선은 주로 고압도 견딜 수 있는 4SQ를 사용한다. 원룸같이 전력소모가 적은 주택에는 차단기용량을 증설하지 않고 써도 무방한 경우가 있으므로 비용절감 차원에서 전기기사와 전기용량을 상의해 보는 것이 좋다.

02 현관 신발장 하단 부근의 간접등 배선: 요즘 인테리어 현장에서 거의 대부분 신발장 밑에 간접등을 설치하는 것 같다. 집에 들어왔을 때 자동으로 센서에 의해 등이 들어오면 나를 반겨주는 느낌이 드는 것과 동시에 신발장 밑 어두운 부분을 비춰주어 신발을 꺼낼 때도 요긴하다.

03 욕실 간접등 배선: 욕실에 센서등을 설치한다던가 거울장 밑에 간접등을 설치한다던가 거울에 조명이 들어오게 한다던가 하는 것이 인테리어 포인트가 되어 많은 분들이 선호하고 있다. 타일 시공전에 미리 전선을 묻어 둔다던가 배선을 해두는 것이 중요하다.

04 싱크대 상부장 하부 간접등 조명: 싱크대 상부장 밑 간접등도 많이

설치되는 부분이기에 사전에 전기기사가 들어 왔을 때 계획해두는 것이 좋다.

05 TV전원 콘센트 이동: 요즘 TV를 벽걸이 모습으로 설치하는 경우가 많은데 이럴 때는 TV의 위치로 콘센트를 옮기는 것이 좋다. 전선이 보이지 않게 정리되어서 좋다. 일반적으로 TV뒷면을 보면 사각형형태가 중앙에 튀어나온 경우가 대부분이기에 옆으로 약간 이동된 위치에 설치해 주면 좋다.

전기공사시공 모습

그밖에 스위치 및 조명 이동이나 콘센트 이동 및 신설등은 공사 초기단계에서 전기배선 공사가 필수이다.

전선 연결 커넥터 와고 커넥터

전선 연결 커넥터 중에서 와고 커넥터라고 하는 독일 제품이 있는데 정말 요긴하게 전기공사 현장에서 사용하는 것이 있다. 전선연결은 사람이 손으로 꼬아서 전기 테이프로 감아서 절연하는 것이 기본적인 결선 방법인데 많을 때는 불편할 수 있다. 와고 커넥터를 사용하면 어려운 전기선 결선도 손쉽게 할 수 있고 결선도 확실하다. 2선 커넥트용 또는 3선 커넥트용 몇개를 인터넷에서 구입해 놓으면 유용하게 사용할 수 있다. 외국에서는 커넥트로 연결한 연결 방식을 표준으로 한다고 하니 그만큼 인정받고 있는 연결 방식이다.

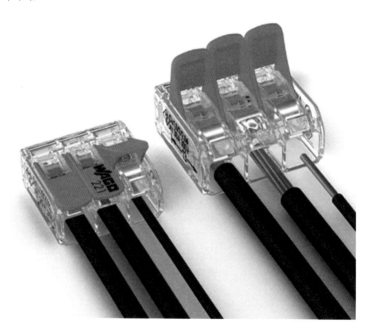

독일 와고사의 커넥트 전기선 결선이 쉽고 정확하지만 가격이 좀 있다.

타일 공사

인테리어에서 가장 중요한 것 중 하나가 아마 타일공정이라고 생각된다. 왜냐하면 타일은 잘못 시공되어 수정하려 한다면 많은 대가를 지불해야 하기 때문이다. 셀프 인테리어를 처음 한다면 가장 골치 아픈 분야가 타일 분야일 수 있다. 특히 물을 쓰는 화장실은 타일로 이루어져 있기 때문이다. 그리고 시공비가 제일 비싼 부분이기도 하며 기술자중에서 가장 거친 기술자가 많은 것도 이 분야이다. 일급 타일 기술자는 부르는게 값이요. 존중되는 분야이다. 기술자 중에서 일급 타일 기술자는 업계에서 대접을 받는 편이다. 존경스러운 사람들이다.

타일의 종류

도기질 타일: 도기질 타일은 비교적 낮은 온도(약800~1100도)로 구워내어 강도가 낮아 강도를 요구하지 않는 싱크대타일이나 벽면타일에 주로 사용된다. 디자인이 매우 다양하고 가격이 저렴한 편이긴 하나 강도가 약해서 바닥용으로는 사용하지 않는다.

자기질 타일: 자기질 타일은 고온(약 1200~1400도)에서 구워 강도가 높은 타일로 주로 바닥타일로 사용되지만 벽용으로도 사용된다.

폴리싱타일: 자기질 타일로 타일에 유약을 바른 것으로 과거에는 주로 상업공간에 사용되었지만 요즘에는 주거, 상업공간에 모두 사용되고 있다. 주로 유광제품이 많다. 오염에 강한편이고 미끄러운 단점도 가지고 있다.

포셀린타일: 높은 고온으로 구운 자기질 타일로 강도가 높으며 표면과

내부가 같은 색을 띠는 제품으로 주로 무광제품이 많다. 폴리싱제품과 포셀린제품은 제품을 선택함에 있어서 결정사항이라기 보다는 디자인과 텍스쳐등 본인이 원하는 제품을 고르는 것이 맞다고 생각이 된다.

Q&A 도기질 타일과 자기질 타일을 어떻게 구분하나요?

도기질 타일과 자기질 타일은 타일 뒷면으로 구분한다. 도기질타일은 주로 적색이나 회색빛을 띠고 있으며 자기질 타일은 전후면이 비슷한 색상이다. 자기질 타일은 단단한 느낌이 들며 도기질은 연한 느낌이 든다. 가장 좋은 방법은 타일 구매처에 물어 보아서 구매하면 된다.

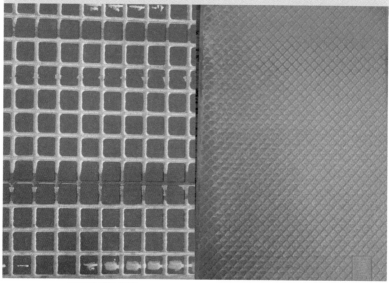

도기질 타일 뒷면   자기질타일 뒷면

인테리어 Tip 벽타일 주문할 때는 도기질타일을

벽에는 가능한 도기질타일을 쓰는 것이 좋다. 벽체에는 강도를 요하지 않는 도기질타일을 사용하면 다음과 같은 장점이 있다.

① 자기질에 비해 저렴하다.

② 추후 위생기구셋팅시에 벽에 구멍을 뚫어야 하는데 자기질 타일보다 용이하게 뚫리기에 기구셋팅 비용이 절감된다.

③ 타일시공방식이 올철거 후 떠발이 시공방식이라면 특히 도기질타일로 하는 것이 일정도 하루 단축된다.

떠발이 시공을 하루 단축시킨다는 것은 타일러 2명 인건비를 절약한다는 것이다.

타일 붙이는 공법

압착공법

평탄한 면에 흙손으로 시멘트를 발라 압착하는 방식이다.

벽면시공의 경우 일명 본드바리라고 불리운다. 세라픽스라는 타일 본드를 사용하여 붙이는 방식이다. 둘다 붙이는 면이 평활해야 가능하다.

떠붙임 공법

일명 떠발이라고 불리우는 방식으로 붙이는 면이 울퉁불퉁하여 좋지 않은 면을 붙일 때 하는 공법이다. 비벼서 붙이는 방식인데 시공자의 능력이 매우 필요한 시공법으로 힘도 있고 세심해야 함으로 제대로 시공하는 시공자가 많지 않은 고급 시공방식이다.

떠붙임 방식이라고도 불리우는 이 시공방식은 도기질 타입의 타일시공에는 그나마 쉬운 편이나 자기질 타일 경우 작업자의 시공능력을 더욱 필요로 하게 되며 시공시간도 더 들어가게 되어 시공비가 비싼편이다.

타일부자재

 타일시공에 있어서 타일 자재도 중요하지만 타일공정은 부자재가 차지하는 부분이 높은 공정이다. 일반적으로 타일자재는 면적당 산출이 가능하지만 타일 부자재는 인테리어 시공 초보자는 알수가 없기에 시공자가 부자재 물량으로 사기를 많이 경우가 있다. 물량이 작은 현장인 경우 관계없지만 물량이 많은 현장 경우 부자재가격으로도 100만원 이상 차이나는 현장도 있을 수 있다.

 보통 화장실 하나당 세라픽스라는 타일본드가 있는데 이것이 3통정도 들어간다고 보면 된다. 더 이상 달라는 경우는 타일면이 안좋을 때나 특수한 상황일 것이다.

 대형타일일 경우 드라이픽스와 에폭시를 혼합사용하고 떠발이 경우 보통 화장실 하나당 40키로짜리 레미탈이 13~15포 소요된다고 보면 된다. 일반적으로 한벽당 3포이다.

 일단 시공할 현장 시공기술자에게 사전에 협의하여 부자재를 선택하고 시공자가 이야기한 부자재 물량이 맞는지 자재상이나 다른 타일러에게도 자문을 구해본다. 물런 기공별로 사용부자재와 물량이 조금 다를 수 있다.

 거실바닥같은 곳에 포셀린 타일을 설치할 때는 드라이픽스 난방용을 사용하는데 바닥난방열을 타일로 전달하는 열전도율이 좋은 폴리머 시멘트 계열을 사용한다. 이것은 1평당 20키로 한포가 조금 넘게 1.2포가 들어간다고 보면 되지만 바닥평활도등 현장상황에 따라 더 들어가기도 한다.

타일덧방용으로 주로 쓰이는 타일본드(세라픽스)

거실과 방같은 난방이 필요한 바닥에 사용하는 드라이픽스 난방용 열전달이 되는 폴리머 시멘트이다. 탄성이있어서 고급시공자가 시공해야 한다.

에폭시 대형타일등 강력한 접착을 필요로 할때 쓰인다. 주재와 부재로 되어 있어서 혼합해야만 화학적 효능을 나타낸다.

압착시멘트 난방이 필요없는 곳의 바닥시공용으로 주로 많이 쓰인다.

위의 사진은 주로 타일을 접착하는 부자재에 관한 설명이다.

시멘트면에 타일부착력을 높여주는 몰다인

타일 부착시간을 단축해 주는 급결방수액

기타시공에 있어서 유용하게
쓰이는 백시멘트

줄눈 시공제 아덱스, 줄눈은 가급적 아덱스나
마페이같은 독일제 제품을 추천한다.

인테리어 Tip 줄눈(메지)에는 독일제 아덱스제품을

줄눈에 사용하는 제품은 국내 제품도 있지만 2000~3000원 더주고 독일제 아
덱스 제품을 사용하는 것을 추천한다. 탄성을 가지고 있어서 잘 떨어지지 않고
부착력이 우수해 줄눈이 떨어지는 것이 훨씬 적다.

코너비드

타일은 옆면이 노출될 경우 그 옆면이 보기 안 좋은 경우가 많아 코너 같은 부분이 있다면 코너비드로 옆면마감을 해야 하는데 코너가 몇 개인지 계산해서 사전에 주문해야 한다. 주의할 점이라면 타일 두께에 따라 10T(1cm)두께인지 12T(1.2cm)두께인지 맞추어 발주해 두어야 한다.

타일발주 방법

타일은 발주방법이 비교적 쉬운 편이다. 시공될 면의 가로 세로만 알면된다. 주로 헤베라는 단위를 사용하거나 박스단위를 사용한다. 단지 초보자가 발주하기 어려운 분야가 타일 부자재이다. 타일부자재에서 소개했듯이 화장실 한칸당 덧방시공일 경우 세라픽스라는 타일본드가 3통, 압착시멘트 1포, 줄눈 메지가 3봉정도 소요된다.

떠발이 시공일 경우 벽하나당 시멘트 몰탈이 3포 정도 소요되며 큰타일일 경우 에폭시가 필요하다. 에폭시는 주제와 경화제 2가지가 한조로 구성되어 있다. 타일용과 석재용이 있는데 주로 석재용이 부착용이 좋아 타일도 석재용으로 붙이는 편이다. 타일이 결정되었으면 타일러와 전화통화를 통해 부자재를 무엇을 구비해야 될지를 물어보아서 필요한 부자재를 현장 시공 당일 전에 올려두어야 한다.

인테리어 Tip 타일을 운송하는 방법(곰방)

타일은 매우 중량이 나가는 자재이다. 그래서 운송비 또한 비싸다 주로 하남 등지에서 배송되기에 운송지에 따라 운송비만도 많이 나오는 경우가 많다. 그래서 타일이 잘못오거나 수량이 모자라게 오면 배송비가 상당한 부담이 된다. 그리고 현장 1층이나 배송차량이 진입하는 곳까지만 배달하는 것이 일반적이다. 그래서 1층이나 지하층 같은 곳까지 배달된 타일을 다시 해당 현장 세대의 층까지 엘레베이터로 운송하는 것을 곰방이라고 부르며 곰방비용이 따로 책정된다.

지금 말한 곰방이라는 것의 방식은 첫째로 타일을 가지고 오는 운송기사가 곰방을 하는 경우, 둘째로 타일러가 곰방을 하는 경우, 셋째로 전문 곰방인력이 하는 경우, 이렇게 3가지 곰방 방법이 있다. 주로 타일량이 작을 경우 타일기공에 비용을 지불하는 방법이 주요하지만 타일량이 많을 때는 전문 곰방인력에게 의뢰하는 것이 좋다.

타일은 중량물이기에 타일기공에게 의뢰할 경우 타일기공이 타일을 올리다가 지쳐 정작 중요한 타일 시공을 할 수 없기 때문에 가능하면 타일기공에 맡기지 않는 것이 좋다.

싱크대 벽면 타일

싱크대 타일은 비교적 가격이 비싼 포인트 타일들을 쓰는 경우가 많다. 타일시공면이 적은 것이 이유일지도 모르겠다. 한 가지만 주의할 것이 있는데 싱크대 타일은 무게가 무거운 600x600mm 제품을 시공한다면 중간을 떠받히는 지지대가 필요하다. 지지대로 흘러내릴 수도 있는 타일을 지지한다면 안심이다. 주로 목공용 한치각 같은 긴 나무 막대기를 사용한다.

싱크대 타일 붙일 때 콘센트 위치를 잘 배치하여 사용자가 사용하기 편리한 위치에 있게 하는 것도 잊어서는 안 된다.

현관타일

현관타일은 현관바닥만 시공하는 경우와 신발장 위 또는 경계석까지 같이 시공하는 경우가 있다. 그리고 거실타일과 같은 타일로 밀고 나오는 시공방법도 한때 유행했다. 일반적으로 작은 타일 핵사곤이 쓰일 때도 있고 큰 타일인 600각 타일이 쓰일 때도 있다. 난방을 할 필요가 없기에 일반 압착 시멘트로 붙인다.

거실, 방 타일

최근 거실과 방에도 포셀린 타일을 시공하는 일이 많아 졌다. 아무래도 포셀린타일도 일종의 대리석이라고 볼 수도 있는 것이라 인테리어 자재 중 고급인 포셀린타일을 시공했을 때 주택의 가치는 올라간다고 볼 수 있다. 습기에 강하고 호텔같은 분위기를 느낄 수 있다. 단점은 너무 단단해서 아기가 있는 집에서는 좋지 않다는 것이다.

아기는 아직 다리근육과 균형감각이 안 발달한 상태에서 넘어지기 쉬운데 딱딱한 타일 면에 머리를 부딪치면 좋을 일이 없기 때문이다. 또한 접시나 그릇등을 떨어트렸을 때 쉽게 깨지는 단점이 있다. 거실에 주로 600각 포셀린을 시공하는데 **몰다인이라는 모르타르 접착력 강화제와 급결 방수액 주문도 필수이다.** 드라이픽스 난방용으로 붙이는데 이것이 한포당 2만원 정도로 비싼편이다. 시공부위가 평평하다면 평당 1.2포가 들어간다고 본다. 드라이픽스 난방용은 폴리머시멘트(섬유질계열시멘트)이어서 굳으면서 수축하는 경향이 있다. 시공이 까다로워 고급 기술자의 시공을 요한다.

포셀린타일 시공 후 줄눈을 넣는데 줄눈이 시멘트라 가루가 빠져나오는 경우가 많기에 요즘은 시공후 줄눈을 코팅하는 경우가 많다. 줄눈을 코팅하면 가루가 빠져나오는 경우 없이 포셀린 타일의 수려함을 즐길 수 있다.

600각 타일시공모습   300X600각 타일 시공모습

바닥폴리싱 타일 시공모습

타일 물량이 실제 물량보다 많이 나오는 이유.

타일 물량은 일반적으로 헤베와 평수를 다 같이 사용하는데 타일 평수는 실제 평수보다 작은 것이 대부분이다. 실제 면적은 10평인데 타일평수는 13평이고 시공평수는 14평이라는 이야기가 나올 수 있다. 이는 일반적으로 한박스에 담겨져있는 타일 한박스 물량이 1.44헤베정도이고 이것을 합치면 3.0헤베정도인데 이것을 타일평수로 한평이라고 보는 경우가 많기 때문에 실제 평수는 타일평수가 더 많이 나온다. 한평이라는 것은 3.3헤베이기 때문이다. 줄눈까지 감안하더라도 대체로 실제 타일자재 평수는 작다. 그리고 타일 시공평수는 잘라낸 타일까지 포함하는 것이 이 업계의 관행이므로 시공평수는 항상 실평수보다 더 나온다.

만약 실평수로 타일인건비를 주려 한다면 타일시공업자에게 강한 반발을 받을 것이다. 또한 큰 타일 가령 1200x600각 타일 경우 가격이 비싼데 잘리는 로스율을 최소화하여 설계한다면 자재비와 시공비를 절약할 수 있다. 타일 로스율을 줄이고 타일을 아름답게 시공하려면 시공자와 협의하는 것이 좋다.

화장실타일

화장실에 있어서 타일은 매우 중요한 공사이다. 기본적인 시공 타일은 벽타일 300x600각, 바닥은 300x300각이다. 여기서 벽타일은 직사각형 모양이기에 세로로 붙여야 하나 가로로 붙여야 하나를 자주 묻는다. 가로시공, 세로시공 각각 장단점이 있다.

핸들링하기 좋은 사이즈인 300x600각 사이즈가 표준 사이즈로 이것 보다 크거나 작으면 시공비가 올라 갈 수 있다.

항목	가로 시공	세로 시공
특징	가로로 넓어 보이며 안정감을 준다	상승의 느낌으로 천정이 높아 보인다

가로시공   세로시공

 세로시공이나 가로시공이나 시공의 난이도는 거의 같다. 이것도 시공자
와 협의를 해서 해당 화장실에 어울리는 시공배열을 택한다.

 다른 한편으로 화장실 구조를 변경하는 경우가 종종 있는데 요즘 화장실
욕조를 뜯어내고 샤워실로 바꾼다거나 반대로 샤워실을 욕조로 만들고자

하는 분들이 많다. 바로 이때 선행작업으로 설비작업이 필수인데 많이 고
려해야 한다.

01 욕조를 샤워실로 변경하는 경우

기존 욕조 샤워기는 일반적으로 낮게(지면에서 700mm) 위치하고 있어
서 냉, 온수 토출구를 지면에서 900~1200mm 높이가 되도록 사용자의 키
를 고려하여 위치를 옮기는 설비공사를 해두어야 한다.

또 배수구를 샤워실 안에서 뺄 것인가 주위 가까운 곳에 배수구가 있다
면 그것을 이용해서 빼는 것을 고려하여야 하는데 먼저 샤워실 안에서 빼
는 것을 우선 순위로 고려해야 한다.

그러려면 샤워실 쪽은 독자적인 구배를 주어 배수를 용이하게 하고 그
외부분은 따로 배수구를 설계한다.

02 샤워실을 욕조로 변경하는 경우

샤워실을 욕조로 변경하는 경우는 기존 하수구를 욕조 하수구로 활용하
고 욕조에서 물이 넘쳤을 때 그 물을 빠지게 하는 배수구(유가)위치를 욕조
가까이에 배치하여 설계한다.

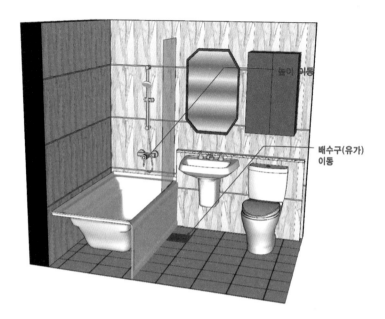

높이 이동

배수구(유가)
이동

Q&A 타일 덧방이냐? 올철거 후 떠발이 시공이냐?

일반적으로 화장실시공에서 가장 묻는 질문이 아닐까 싶기도 하다. 덧방이 낫
냐? 올철거 후 시공이냐? 항상 논쟁거리인 이것은 필자는 화장실을 처음 시공
일때는 덧방시공을, 덧방시공후 재시공일경우는 올철거 후 시공을 권유한다.

덧방시공은 기존 타일면의 매끈한 면을 이용하기에 일명 본드바리라고 불린다.
타일 본드로 손쉬운 시공이 가능하다. 장점으로는 기존 타일면을 철거하지 않
으므로 폐기물이 적게 발생하며 방수등 신경쓸부분이 적어지므로 우수한 시공
법임엔 틀림없다.

올철거 후 타일을 시공하려면 기존벽면이 고르질 못해서 일명 떠발이시공을 한
다. 타일위에 몰탈을 놓고 비벼붙이는 시공을 하여야 하므로 시공비가 비싸며
폐기물, 방수등 여러 신경쓸 것이 많다. 그래서 인테리어 업체는 주로 덧방을
추천한다. 올철거 후 타일시공이냐? 아니면 덧방시공은 정말 어느 쪽 손을 들
어주기 어려운 부분이다. 그래서 필자는 부분적으로 덧방시공, 부분적으로 떠

발이시공을 선호한다. 오래된 아파트 경우 타일이 벽면 시멘트와 일체화(?)하여 너무 달라붙어서 철거하기가 너무 어려운 경우가 있다. 이런 경우 철거보다 덧방시공이 좋다 하지만 손으로 쳐보면 타일이 떨어지려고 위태위태한 경우가 있는데 이 경우 반드시 그 벽면은 올철거를 해야 한다. 기초가 부실하면 그곳에 타일 덧방을 해보았자 타일이 같이 떨어질 가능성이 크기 때문이다.

다른 한편으로 민원때문에 어쩔 수 없이 덧방공사를 선택하는 경우도 있다.

화장실 천정

화장실 천정은 주로 smc 플라스틱 계열의 돔자재를 많이 시공하는데 초기에는 진짜 둥근 돔같이 가운데가 움푹 파여 있는 돔이 주로 쓰였는데 현재는 물때가 많이 끼고 해서 평평한 플랫 돔이 주류를 이루고 있다.

천정에 6인치 원형조명등을 넣는 것이 표준방식으로 되어 있고 시공이 편리하다

화장실 위생기구 셋팅

화장실에 대표적으로 양변기, 세면기, 샤워기 이외에 다양한 악세사리가 있다. 시공에 있어서 주의해야할 치수가 있는데 첫째로 세면기높이이다. 요즘 신축아파트에는 세면기가 950mm 높이로 아주 높게 달려있는 것도 흔하게 볼 수 있는데 표준높이는 지면에서 800mm높이이다. 그런데 800mm 높이로 달아주면 낮다고 말씀하시는 클라이언트가 종종 있다. 고객의 키를 고려해 생각해 보아야 하는데 어떤 집은 할머니가 허리를 다쳐서 허리를 숙일 수 없으니 높게 달아달라고 하는 경우도 있었다. 나는 800mm는 좀 낮은 것 같아 830mm 높이를 표준으로 하고 있다.

둘째로 샤워기의 높이이다.

샤워기는 지면에서 900mm~1200mm 사이인데 주로 1000~1100mm가 좋다. 이 또한 실제 높이를 보고 시공하는 것이 좋다. 화장실 철거 후 샤워기의 냉, 온수 파이프 높이를 보아 낮으면 올려주고 높으면 낮추어주는 설비공사가 사전에 필요하다.

세 번째로 젠다이가 있는 화장실의 경우 젠다이와 거울장과의 간격이다. 이 간격은 400mm를 표준으로 하여 조정하는 것이 일반적인데 화장실의 높이와 사용자의 키등을 고려하여 설치한다.

나머지 수건걸이, 휴지걸이, 코너 선반, 고압스프레이같은 제품들도 사용자의 취향과 신체적인 특성을 고려하여 인간공학적인 측면을 고려해서 설치한다.

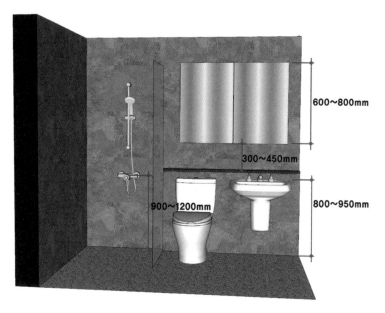

욕실 참조 주요치수

욕실에 젠다이라는 것이 무엇이냐고 묻는 분들이 종종 계신다. 업계에서는 표준 용어가 되어 널리 쓰이고 있지만 일반 소비자들은 모르실 수 있다. 젠다이는 욕실에 샴푸, 비누등을 올려 놓을 수 있게 되어 있는 턱을 말한다. 일반적으로 인조대리석을 사용한다.

욕실천장은 주로 SMC재질의 돔천장으로 시공된다. 과거에는 중앙부분이 움푹 패어 있는 돔형식을 많이 사용하였는데 물때가 쉽게 끼어서 지금은 플랫돔으로 많이 시공하고 있다.

돔시공과 위생기구 셋팅은 같이 시공하시는 분도 있고 한 가지만 하시는 분도 있는데 일반적으로 각각 따로따로 기사를 부르는 것이 낫다. 무엇이든 한곳에만 집중하여 시공하는 것이 잘하는 경우가 많기 때문이다.

게다가 돔시공 기사를 부르면 돔자재도 같이 가져와서 시공해 주어서 편리하다.

화장실 위생기구셋팅 모습

페인트

페인트는 일반인들이 만만히 보는 분야인데 단순히 칠하는 단순작업만은 아니고 주의해야 할 점이 있다. 크게 수성과 유성이 있다. 수성은 롤러 등으로 칠할 때 부드럽게 칠해져서 작업자의 체력소모가 적고 가격이 싼편인데 유성은 칠이 강하여 칠하려는 면이 오염이 되어 있거나 밑에 색상이 깔려 있을 때 사용하면 수성보다 손쉽게 칠을 할 수 있다. 하지만 롤러등으로 칠할 때 뻑뻑해서 잘 안 칠해져서 작업자의 체력소모가 좀 크고 휘발유 냄새가 나며 가격이 비싼편이다.

가구용으로 나온 페인트는 부착력을 조금 높인 제품이 있으니 가구등을 칠할 때는 가구용 페인트를 구입하면 된다. 아니면 칠하기 전에 젯소라는 프라이머를 먼저 칠해서 부착력을 높인 후 칠해 주면 좋다.

일반적으로 페인트 가게에 가서 페인트 가게 주인에게 이야기 하면 적절한 도구를 제안해주는 경우도 많으니 문의해 보자.

개인적으로 많이 쓰이는 수성페인트를 추천하라고 하면 최근 노루표에서 출시된 원터치라는 제품이 수성으로 시공성이 좋았다.

에어리스페인트를 위한 퍼티 시공모습   페인트 수성 실리콘 작업

페인트 부자재

롤러

페인트도 마찬가지로 적절한 도구가 필요한데 가장 기본이 되는 붓과 롤러가 있다. 롤러는 큰면을 칠할 때 9인치, 7인치 정도를 사용한다. 작은면을 칠할 때는 3~4인치나 미니롤라를 사용한다. 최근 외제 롤라가 많이 들어와 있는데 사용해 보면 정말 좋다. 몇천원 비싸더라도 충분한 값 이상을 한다. 또한 롤러는 유성이 있고 수성이 있는데 유성,수성 겸용을 사면 된다. 페인트 기공에 따라 겸용을 쓰는 사람이 있고 수성용 따로 쓰는 사람이 있는데 만약 기공에게 일당으로 요청한다면 사전에 물어보아야 한다.

마스킹 테이프 & 커버링 테이프

칠하지 않는 면을 보호하는 역할을 하는 것으로 두께와 넓이가 다르다. 마스킹테이프는 두꺼운것과 얇은 것 2개정도. 커버링은 90센티, 60센티를 구입하면 대부분 사용할 수 있다.

아파트 주택작업에는 많지 않지만 망사테이프도 꼭 알고 있어야 한다. 석고보드와 석고보드의 이음새에 붙이고 위에 퍼티를 하는 것인데 망사테이프를 붙이지 않으면 크랙이 가게 된다. 단순히 페인트만 해서는 안 된다.

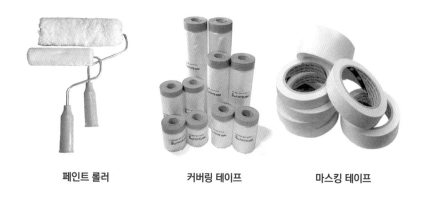

페인트 롤러   커버링 테이프   마스킹 테이프

붓

붓은 모서리나 귀퉁이 좁은 면을 칠할 때 사용하는데 유성용과 수성용이 있다. 도장할 부위의 크기에 따라 붓을 결정하면 된다.

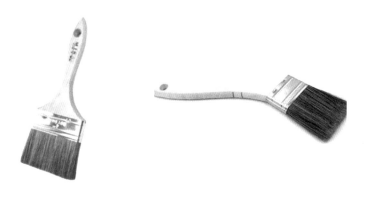

일반 평붓   모서리를 칠할 때 쓰는 꺽임 붓

퍼티

퍼티는 아크릴릭이라는 외부용 퍼티가 있고 핸디코트라는 내부용퍼티가 있다. 아크릴릭은 빨리 마르며 더욱 단단하다. 굳게 되면 사포질이 잘안 된 다. 핸디코트는 우리가 말하는 이른바 빠데이다. 가장 많이 사용된다. 하지 만 기공에 따라 아크릴릭만 사용하는 기공도 많다. 줄빠데 잡을 때 빨리 마 르기 때문에 작업속도가 좋고 강도가 더 세기 때문이다.

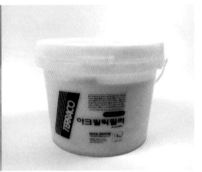

내부용 퍼티(핸디코트)   외부용 퍼티(아크릴릭 필러)

뿜칠 페인트(에어리스페인트)

아무래도 붓이나 롤러는 붓자국등이 남기 쉬운데 뿜칠페인트는 이러한 점을 보완해주고 페인트 퀄러티를 높여준다. 요즘 핸드건 스타일 뿜칠페인 트기기도 나오는데 쓸 만하다. 전문가용으로는 에어리스라는 기계가 있는 데 이것은 페인트 원액을 넣어도 그대로 분사가 될 정도로 힘이 쎄지만 핸 드건용 스프레이기계는 물을 50~30퍼센트 석어 주어야 분사가 가능하다. 최근에 성능좋고 가격이 저렴한(10~20만원대) 페인트 핸드건도 많이 나와 있다.

가구 쪽은 사전에 젯소라는 프라이머를 발라야 한다. 인테리어 자재중

프라이머는 일종의 본드로 주재료의 부착을 돕는 것이다. 표면이 필름이 덮여 있거나 강한 부착을 요하는 곳에는 사전에 젯소를 바르고 하는 것이 좋다. 만약 젯소를 바르는 작업이 귀찮다면 부착력이 강한 페인트가 판매되고 있으니 고려해 보는 것도 좋으나 젯소를 바른 다음 작업하는 것만 못할 때가 많다.

에어리스 기기

에어리스 핸드건

인테리어 Tip 페인트를 기술자에게 의뢰해야 하는 이유

페인트는 일반인의 접근이 가능한 분야이고 실제로 그렇기도 하고 페인터들도 가는 곳마다 사람들이 페인트 기공을 일반인도 할 수 있는 기술을 가지고 있다고 생각하는 분들이 의외로 많다고 놀란다고 한다.

많은 사람들이 페인트는 일반인도 할 수 있는 범위의 영역이라고 생각하는 것이다. 물론 간단한 페인트는 일반인들도 가능하다.

하지만 페인트 또한 엄연한 기술을 고도로 필요로 하는 분야임에 틀림없다. 그러나 많은 분들이 직접 페인트를 시도하는 분들이 많은데 힘은 힘대로 들어가고 옷버리고 퀄러티가 제대로 안 나오는 경우가 많다. 특히 페인트는 몸에 해롭다고 본다. 나도 간혹 페인트를 하는 경우가 있는데 기관지나 폐가 아파오는 경우가 있으니 여러모로 기공에게 의뢰하는 것을 추천한다.

필름

필름은 일명 귀족노가다라고 불리기도 하는 인테리어 시공분야에서 가장 체력소모가 적고 깔끔한 분야인 편에 속한다. 그래도 노가다는 노가다임엔 틀림없다. 오늘날 필름시공은 갈수록 증가하고 있다. 그 이유는 손쉽게 인테리어 마감을 할 수 있기 때문이다. 과거 무늬목을 대부분은 몰아냈으며 페인트 분야도 많이 잠식했다. 목공 mdf면에 찰떡 궁합이다. 목수들조차 필름이 마감으로 제일 좋다고 입을 모은다.

필름 물량 산출법

필름은 주로 120mm 폭에 한 롤이 25미터 또는 50미터로 되어 있다.

주택인테리어는 주로 문과 문틀 붙박이장에 시공되므로 문과 문틀은 양면으로 되어 있으니 문&문틀인 경우 6~7미터 붙박이장 등은 길이와 높이를 더해 물량을 계산하면 된다.

샤시는 테두리만 붙이므로 넓이의 3분의 1 정도 또는 2분의 1로 잡는다.

필름 품수 계산법

필름은 곡면이 있거나 접히는 면이 많을수록 품수가 더 많이 들어간다. 평판 문짝인 경우와 문에 몰딩이 붙어있는 경우 당연히 몰딩이 붙어있는 문이 품수가 더 많이 들어가는 것은 당연한 것이다. 곡면이 있는 면은 드라이기로 가열하면서 필름을 말랑말랑하게 만들어서 붙인다. 샤시는 샤시틀에서 띠어내고 필름을 붙이고 다시 샤시틀에 끼워넣는 작업을 하는데 샤시가 무거운 것이 많으므로 그 띠어내는 작업도 만만치 않다. 그래서 생각보다 품수가 많이 나온다. 샤시틀 달린 상태에서 필름을 붙인다면 수월할텐데 말이다.

필자는 일반적으로 필름기공 한명이 민자문일 경우 문틀과 문을 하루에 2개 이상할 수 있다고 본다. 그 이하라면 손이 빠르지 않은 기공인 것이다. 전체 30평대 아파트의 경우, 샤시가 2중창으로 되어 있는 경우 전체 문, 붙박이장등을 모두할 경우 10품이상으로 잡는다.

천정몰딩을 필름으로 붙이지 않는 이유

일반적으로 천정몰딩은 홈이 파져 있는 마이너스 몰딩이나 크라운 몰딩이 많은데 이것을 필름으로 붙이게 되면 품수 즉 인건비가 많이 나올 수 있다. 왜냐하면 일단 천정몰딩이 높은 곳에 위치하므로 사람이 사다리나 우마를 이용해서 작업해야 하므로 속도가 안나오기 때문이다.

이런 경우 뿜칠페인트(에어리스페인트)가 효과적일 수 있다.

비교적 간단한 필름부자재

인테리어 공정중에 가장 단순한 부자재를 가진 공정이 필름일듯하다. 필름자재는 스티커 형식으로 본드가 이미 발라져 있기는 하지만 부착력을 높이기 위해서 프라이머라는 인테리어필름용 본드를 사용한다.

물을 약간 타서 농도조절을 한다. 너무 많이 바르면 부착력이 너무 좋아 한번에 붙이지 못하면 떼어내기 힘들다. 프라이머를 바른 후 마른 다음 필름을 붙이는 것이다. 물론 자연건조가 제일 좋지만 일반적으로 공업용 드라이기나 토치등으로 가열하여 말리는 방식이 현장에서 주로 사용하는 방식이다. 수성과 유성이 있다. 프라이머 비용을 따로 청구하는 기공이 많은데 3만원 정도 청구한다. 그래서 나는 철물점에서 15,000원 짜리 필름시공용 프라이머 한통을 사다가 기공이 올때마다 주고 있다. 물론 프라이머비용을 청구하지 않는 기공도 많다.

마루공사

마루공사에서 가장 많이 하는 질문은 강마루, 온돌마루, 원목마루 이게 뭔가요? 라는 질문일 것이다. 항상 질문되어서 실제 샘플을 보여드리고 설명하는 것은 몇 번을 했는지 오늘 이 글을 쓰고 있는 날도 한번 했다. 현재 가장 많이 팔리는 것은 강마루이고 표면이 플라스틱으로 되어 있는 마루이다. 원목마루는 표면이 원목으로 되어 있는 마루라고 설명드리고 샘플을 보여드리면 텍스처가 조금 다른 것을 고객분들은 아시게 된다. 원목마루와 강마루의 사이에 온돌마루라고 하는 무늬목(원목을 얇게 슬라이스한 것)을 붙인 제품도 있다. 온돌마루라고 불리우니 돌과 관계된 것이라고 생각이 들기도 하여 요즘에는 천연마루라는 다른 이름을 사용하기도 한다. 과거에는 폭이 75mm제품만 생산해서 온돌마루를 확인하려면 가로를 재어 보고 판단했는데 요즘은 그 보다 큰 제품도 나오고 있다.

원목마루가 너무 비싸다면 무늬목을 붙여서 코팅한 천연마루(온돌마루)도 있으니 이것도 좋은 선택이 될 수가 있다.

그 외로 강화마루라는 것이 있는데 열선필름을 시공해야 한다든가 상업 공간에서 밑에 부직포를 깔고 본드없이 부직포로 시공한다. 최근에 아파트에는 강마루로 거의 대체되었다. 과거 강마루시공시에 쓰는 본드가 유해 논란이 되어서 한동안은 강마루와 강화마루 둘 다 쓰이다가 근래에 와서는 본드유해논란이 종식되면서 강마루가 대세가 되었다.

항목	강마루	온돌마루(천연마루)	원목마루
특징	나무결을 프린팅한 플라스틱 재질의 마루로 가장 많이 쓰인다. 그나마 마루중에 강도가 제일 쎄고 저렴한 편이다.	합판위에 0.2~0.3mm 무늬목을 붙여서 만드는 마루로 찍힘에 약하다.	마루중에 가장 미려하면서 자연친화적이다. 찍힘에 약하며 고가이다.

마루는 합판위에 나무판을 접착한 방식으로 건식시공과 습식시공이 있다. 이런 것들은 습기와 무관하다. 모든 마루는 물에는 다 좋지 않다. 간혹 강마루가 습기에 강하다고 생각하시는 분이 있는데 모든 마루는 습기에 약한 것이 단점이다.

마루공사 시공비에 대해

일반적으로 마루시공의 로스율은 10퍼센트인데 폭이 크고 길이가 길면 로스율이 높아진다. 고객분 들중에 마루 철거는 20평을 했는데 왜 마루시공은 22평이냐고 묻는 분들이 계신데 로스율 때문에 그렇다. 사선으로 붙이는 경우 로스율은 30퍼센트까지 높아지며 대표적으로 헤링본시공이 그렇다. 헤링본시공은 로스율도 높은데다가 시공이 까다로워서 일반마루보다 거의 1.5~1.8배 이상 비싸다.

시공비에는 걸레받이 시공비도 포함되어 있는 경우가 대부분이니 걸레받이 시공을 하지 않을 시에는 그 금액을 제외해 달라고 하면 된다.

걸레받이 높이는 평몰딩일 경우 가장 좋은 치수는 6cm 이다. 현장에서는 6전으로 불린다. 과거에는 8cm(8전)이 대부분 사용되었는데 현재는 6전이 가장 좋은 것같다. 그 외 3전, 4전도 쓰인다. 걸레받이용 전용몰딩은 따로 나오는데 한쪽이 라운드가 되어 있다. 과거에는 폭이 9cm로 나왔는데 최근에는 시대를 반영한듯 8cm, 6cm제품이 나오고 있다.

바닥 필름 난방

바닥에 필름 난방(열선)을 깔고 장판이나 강화마루등 바닥제를 까는 것에 대해 여러 가지 의견이 있다. 추운 겨울 간단히 바닥을 난방하는 것으로 주택이나 상가등에 현장상황에 따라 필름 난방을 하는데 이게 과연 괜찮을까? 하는 질문을 가끔 받는다. 지금까지 여러 번 필름난방을 했지만 만족도는 높은 편이고 아직 고장났다는 전화를 받은 적없으니 겉모습과는 다르게 튼튼한 듯하다. 인터넷등지에 내구성이 약하다는 글을 읽은 적 있는데 그리 약한 내구성은 아닌듯하다. 다만 전기료가 좀 나온다고 하는데 많이 나오는 것 같지는 않다.

도배

도배는 크게 합지도배와 실크도배로 나뉜다. 합지는 다시 소폭합지와 장폭합지로 나뉜다. 이건 도배지의 넓이만 다를 뿐이다.

합지는 종이로만 되어 있는 도배지이고 실크지는 그 위에 얇은 PVC코팅이 되어 있다고 생각하면 된다. PVC코팅 때문에 인체에 유해하다는 의견도 있고 도배사 자신 집은 종이 벽지인 합지로 한다는 썰도 있다. 하지만 그건 아직 검증이 안된 이야기로 단순히 싸게 도배를 하려면 합지로 하고 고급으로 도배를 하려면 실크도배를 하면 된다고 생각하면 쉽다.

당연히 고급 도배인 실크도배지가 비싸다. 자재비가 비쌀 뿐 아니라 시공비도 비싸다. 왜냐하면 합지벽지는 겹침시공이지만 실크도배는 맞댐시공이기 때문이다. 그래서 합지 시공후에는 벽지와 벽지의 경계면에는 미미선이라는 선이 보인다. 하지만 실크벽지는 맞댐 시공이기에 잘 보이지 않는다. 도배사가 도배사로 일하고 난 후 최소 6년이 되어야 그 중 10퍼센트만 실크도배를 할 수 있다고 한다. 그 만큼 어려운 것이 실크도배이다.

실크도배는 맞댐시공이기에 풀에 젖은 도배지를 살짝 울게 붙여야 한다. 도배지는 마르면서 펴지기 때문이다. 그런 도배지의 특성을 감으로도 알 수 있어야 좋은 시공이 되기 때문에 여러모로 까다로운 시공이 실크벽지 시공이다. 실크벽지는 내구성이 좋고 표면이 코팅되어 있기 때문에 물걸레로 오염된 부분이 있는 부분을 닦아내도 손상이 없지만 합지인 경우 종이로만 되어 있어서 내구성이 떨어지며 오염에 약한 단점이 있다. 일반적으로 전월세를 주는 집의 경우에는 합지도배를 하고 자기집에 입주하는 경우 실크벽

지로 시공하는 것이 일반적이다. 그리고 도배지에는 천정지가 따로 있는데
천정에는 반드시 천정지를 써야 한다. 예외 없는 부분이라 하겠다.

항목	실크도배	합지도배
장점	오염에 강하며 내구성이 뛰어나다	가격이 저렴하며 시공성이 좋다 자연친화적인 종이재질이다
단점	가격이 비싸며 시공이 까다롭다	도배지와 도배지가 만나는 부분에 미미선이라는 이음선이 생긴다. 오염에 약하다.

도배지의 크기에 따른 분류

도배지는 실크벽지 폭 106cm, 합지중에 소폭은 53cm, 합지광폭은
93cm이다. 당연히 소폭합지가 가장 저렴하고 시공도 간편하다 최대 단점
으로 미미선이라는 이음선이 많이 보인다.

비교적 간단한 도배부자재

도배부자재도 비교적 단순한 편이긴 하다. 모서리부분을 붙이는 도배용
수성본드, 도배용 풀, 실크도배시 1차 도배를 위한 부직포 또는 아이텍스를
사용한다. 작은 이음새같이 파인 부분이나 이음새같은 부분을 띄움시공할
수 있는 네바리라는 부자재도 있다.

도배지 물량 산출방법

도배지는 실크벽지가 가로폭이 106센티미터이므로 단순히 1미터 폭으로
계산한다. 시공될 곳의 벽둘레만 안다면 간단하다. 벽둘레 x 벽높이 한후
벽지 한롤이 길이가 15미터정도 됨으로 15로 나누어 주면 소요되는 롤의
개수가 나온다. 천정은 일반적으로 5평에 한롤로 잡으면 된다. 물론 로스율

을 감안하여 10~20퍼센트를 더 산출한다.

계산하기 복잡하다면 일반적으로 방하나의 벽은 2롤이상, 거실, 부엌벽은 6롤이상으로 계산한다면 부족하지 않을 것이다. 32평아파트의 경우 천정은 7~8롤, 벽은 12~14롤 정도를 기준으로 잡아도 된다. 부족하면 곤란하지만 남으면 반품하면 된다. 혹시 세대가 확장이 되어 있다면 도배지는 더 들어감으로 몇롤을 더 준비하자. 도배 부자재로는 도배본드, 네바리, 싱, 아이택스, 부직포 등이 있는데 도배사에 따라 도배평수당 2000~4000원을 부자재비용으로 청구한다. 현장상황이 안 좋을수록 부자재가 많이 소요된다.

도배물량산출시 유의점

일반적으로 도배 물량은 벽과 천정 면적이지만 무늬 벽지인 경우 무늬를 맞추어야 하기에 물량이 30퍼센트 더 들어가게 된다. 시공인건비 또한 천정고가 높다던가 우물천정이 있거나 오피스텔이나 주상복합처럼 감지기, 환풍기등이 많은 경우 도배지를 따내는 부분이 많기에 시간이 많이 소요되게 된다. 인건비(품수)가 증가한다는 뜻이다. 단순 네이버에 나오는 아파트나 오피스텔 평면도를 보고 인건비를 산출했다가 낭패를 보는 경우가 발생한다.

도배시 체크 포인트

도배지는 다른 자재와 닿는 부분이 있다면 단차가 살짝 있어야 그 부분에 헤라 같은 자를 대고 도배사가 도배지를 재단하기 편리한데 도배지가 다른 자재와 닿는 부분이 서로 단차가 없이 평행하다면 대고 자를면이 없어서 시공이 조금 어렵게 된다. 그래서 사전에 도배면과 닿는 부분에 평몰 딩 같은 것을 경계에 시공하여 주면 시공이 깔끔하게 된다.

도배시 문제되는 사항들

도배시 간섭이 되는 전등과 시스템 붙박이장의 해체&재설치는 논란의 대상이다. 도배사에게 전등을 떼고 도배후 재설치하는 것은 아직 논란의 대상인듯 해보인다. 도배자체도 어려운 일인데 기존에 달려있는 등을 띄어 내고 도배후 다시 설치하는 것은 도배사의 체력소모를 더 하게 해서 도배 시공 퀄러티에 악영향을 줄 수 있다. 일급도배사의 경우 등이 달려있는 현 장에는 안온다는 도배사도 있다. 도배사는 도배자체에만 전념하여야 한다 는 것이다.

나는 일급도배사를 활용하여 도배를 하고 있다. 도배는 주택인테리어에 서 가장 중요한 마감이며 실크도배일 경우 가장 많은 하자율을 보이기 때 문에 최고 수준의 도배사를 현장에 투입하지 않고서는 주택인테리어를 해 나가기가 어렵다. 그런 바탕에서 일급 도배사들의 수도 적은데 실장이 현장 을 도배사가 편하게 만들어 놓지 않는 그런 곳에는 일급도배사들은 거래를 끊는 경우가 있다.

인테리어 실장 또는 인테리어 주최자는 공정별로 기공에게 자신의 공정 에만 전념하게 하는 것이 퀄러티를 높이는 핵심포인트 중에 하나이다.

조명등은 그래도 도배와 오래된 논란거리로 그래도 도배사들 대부분 어 느 정도 수용하는 모습을 보이지만 시스템 붙박이장의 경우는 그렇지 않 다. 시스템 붙박이장은 철거를 해주어야만 도배할 수 있다는 도배사들이 대부분이다. 도배전에 시스템 붙박이장 철거는 10~15만원이고 물량이 많으면 비용은 늘어난다. 다시 도배후에 시스템 붙박이장 재설치는 다시 그만큼 비용이 들어간다. 사전에 도배사에게 10만원정도 더 지불할 테니 할 것이냐고 물어보는 것도 센스이다.

그것도 싫고 저것도 싫으면 본인이 직접하는 것이 제일 좋다. 사실 크게 어렵지 않은 것이 시스템 붙박이장 재설치이다. 해체 전에 사진을 찍어두고 사전에 폴대위치같은 것을 연필로 천정몰딩에 체크를 해두는 것도 한 방법이다.

도배사들과 얼굴을 붉히는 일이 없이 원활한 인테리어 시공을 하기 위해서 현장을 잘 살펴보아야 한다.

도배를 하기 위해서는 해체해야 하는 시스템 붙박이장

인테리어 Tip 도배지 고르는 하나의 팁

색상이 짙은 도배지는 도배시공시 풀이 배어나와 하얗게 변할 수 있기 때문에 사전에 염두를 해두어야 한다. 인테리어 카페등에 짙은 색의 도배지가 유행을 하였는데 많은 사람들이 풀이 베어 나와 하얗게 변한 것을 후기에 올리게 되어 일단 많은 사람들이 이해하게 된 내용이다.

풀은 하얀색이고 도배지가 아주 짙은 색이라고 한다면 도배특성상 풀을 칠하게 되어 있고 그리고 그것을 도배사가 잡아야 하기에 어디선가 도배풀이 배어 나오게 되는 경우가 많다. 아무리 노련한 도배사라도 완전히 없애는 일이 쉽지는 않다. 하지만 사전에 주의하고 잘 닦아준다면 어느정도 하얀 풀 번짐 현상을 줄일 수 있기는 하다.

도배사가 많이 모여 있는 현장에 만약 어느 방이 어두운 색상 도배지가 지정이 되어있다면 아무도 그 방 도배를 자신이 한다고 하는 도배사는 없을 것이다.

또 한편으로 최근 페인트 벽지가 유행하고 있는데 이 또한 도배하기가 까다롭다. 일반적으로 도배지는 엠보싱이 되어 있어서 도배지와 도배지가 붙는 경계면이 드러나지 않게 롤러질을 할 때 엠보싱은 유용하다. 하지만 페인트 벽지들은 엠보싱이 없고 옆면이 너무 밋밋하여 경계면을 안보이게 하기가 어렵기 때문에 더 많은 롤러질을 하게 된다. 이것이 시간이 필요하다. 그리고 바탕을 너무 많이 읽어서 섬세한 시공이 필요해서 1.2~1.5배 더 힘들다고 한다.

최근 어느 도배사가 페인트 벽지 시공에서 시공비를 더블을 달라고 했다는 말을 들은적 있는데 나로서는 이해할 수 있는 말이다.

Q&A 천정 구멍 뚫린것을 도배가 막을 수 있다?

천정에 전등 구멍등 구멍이 뚫렸는데 이것을 목공이 아닌 도배로 막을 수 있다는 것이 맞는 말인지라는 질문을 고객분에게 최근 받았다 이것은 맞는 말이다

단 지름이 10cm 안팎의 것에 국한된다. 더 큰 구멍은 목공으로 막아야 되며 구멍난 부분의 천정이 벽과 거의 붙어있는 부분은 작은 구멍이라도 목공으로 막는 게 좋다.

Q&A 도배시공은 모두 1차도배와 2차도배가 있나요?

일반적으로 면이 고르지 못하면 아이텍스나 부직포를 치는 1차 도배후 본격적으로 2차도배를 한다. 합지도배는 1차도배를 생략하는 경우도 많다. 합지도배는 종이로 되어 있으므로 합지도배한 것 위에 도배가 가능하지만 실크도배는 PVC 코팅이 표면에 되어 있어서 그 위에 도배가 불가능하다. 반드시 기존 실크도배지를 뜯어내고 시공해야 한다.

Q&A 전세집인데 도배비용을 절약하는 방법이 있을까요?

단순히 가장 저렴한 소폭 합지 시공이 가장 저렴하겠지만 이런 경우 벽만 도배를 하는 것을 추천한다. 일반적으로 천정은 오염이 벽보다 덜 되는 편이기에 전세집이나 월세집 도배는 벽만 하여도 새것처럼 된다. 현실적으로 싼 도배는 사실 벽도배만 하는 것이다.

Q&A 천정지라는 것이 있는데 천정은 천정지로 꼭 해야하나요?

도배지 중에 천정지가 있다. 천정에 바르기 때문에 천정지이다. 반드시 천정에는 천정지로 하는 것이 좋다. 천정지도 합지와 실크지가 있는데 시공성이 좋으며 집 전체가 넓어 보이는 효과를 준다. 천정지로 벽까지 하는 경우도 있는데 그 또한 추천할 수 있는 사양이다.

Q&A 페인트 벽지는 시공비가 더 나오나요?

페인트 벽지는 벽지와 벽지의 조인트 부분의 접합성이 좋지 않아서 시공성이 좋지 않다. 그래서 32평 기준으로 기공을 한명정도 더 투입하는 것이 좋다. 조인트부분의 접합을 깔끔하게 하기 위해서 많은 시간이 소요된다.

그렇게 더 노력이 필요하지만 노력했는데도 잘 안 나오는 경우도 있어서 페인트 벽지라고 하면 모두 긴장하게 된다.

싱크대

주방은 일정한 시설을 갖추어 놓고 음식을 만들거나 식사를 준비하는 것이 주요역할이지만 이에 필요로 하는 기물들을 보관 관리하는 역할도 중요한 다목적의 공간이다. 어찌 보면 주거 또는 식음 공간에서 가장 많은 기능과 복잡한 동선체계를 갖고 있는 곳이 바로 주방이다. 또 수평의 바닥은 물론 천장까지 이르는 수직의 벽면까지 어느 한구석도 비워 놓지 않고 최대한 활용하는 공간이기도 하다. 따라서 주방에서의 치수 계획은 1mm를 놓고도 심혈을 기울여 디자인하게 된다. 즉 모든 공간 중 가장 치수적으로 디테일한 공간이다.

주방은 라이프스타일의 총체적 변화를 수용해야 하는 공간이다. 요즘은 가족구성원들이 다 같이 모여 TV를 시청하는 모습을 찾기 어렵게 되었다. 1인가구와 배달문화가 보편화되고 밀키트 같은 즉석 식품이 대중화되었다. 식음료 문화의 변혁은 더욱이 코로나등 위생에 관련된 보건위생에 대한 디자인의 변화 또한 요구하고 있다.

주방 하나만으로도 설계가 한달 이상 걸릴 정도이며 하나의 토탈인테리어임으로 필자는 한샘이나 리바트에 의뢰하거나 사제 싱크대 공장을 활용하고 있다. 한샘이나 리바트등 브랜드등은 인테리어 업체 사장에게 10퍼센트 할인된 금액으로 공급하고 있는데 나는 그것을 그냥 소비자들에게 드리고 있다. 어차피 따로 대리점 가서 하실 것 같아서 그냥 나의 수수료를 받지 않고 진행하고 있다. 그러니 한샘, 리바트등에서 금전적인 것보다 다른 서비스를 제공하고 있으며 고객들도 원하는 싱크대를 저렴한 가격에 구입하여 좋고 윈윈이다.

현대의 가족생활에서 유일하게 가족 구성원이 함께할 가능성이 가장 높은 유일한 장소는 주방이 되었다. 그래서 인지 요즘은 거실 소파를 치우고 거실 공간을 6인용 식탁으로 구성하고 식사와 대화를 하는 공간으로 바꾸는 집이 생겨나기 시작했다. 음식을 먹는 기능적인 공간에서 함께 하는 이들과 소통하고 마음을 나눌 수 있는 감성적인 공간으로서의 역할도 더 없이 중요한 곳이 주방이라 하겠다.

브랜드 싱크대 VS 사제 싱크대

싱크대가 아파트 인테리어에 차지하는 비중은 매우 크다고 할 수 있는데 싱크대를 생각할 때 브랜드 싱크대로 할 것이냐? 사제 싱크대로 할 것이냐? 무엇으로 할지 생각하게 된다. 당연히 브랜드 한샘이나 리바트 싱크대는 가격이 사제 싱크대에 비해 비싸다. 단순히 브랜드이기 때문에 비싼 것이 아니라 품질이 좋다. 물론 가성비는 사제 싱크대가 뛰어나며 규격에 맞지 않은 비규격 사이즈도 비교적 자유로운 장점이 있다.

브랜드 싱크대와 사제 싱크대를 선택하는 기준은 무엇일까? 그건 가성비를 좋아하는 분은 사제, 그래도 품질을 우선시 한다면 브랜드 싱크대라고 말하고 싶다. 분명 사제 싱크대의 품질은 브랜드 싱크대에 비해 객관적으로 떨어진다. 하지만 브랜드 싱크대에 비해 200~300만원 정도 저렴하다면 그 착한 가격에 의해 많은 부분이 용납될 수 있다. 성향에 맞는 싱크대를 선택하는 것이 중요하다. 브랜드 제품은 품질관리와 AS팀이 잘되어 있다. 반면 단점으로 가격이 비싸고 비규격 사이즈를 만들기 어렵다.

나에게 브랜드 싱크대를 할 것인가? 사제 싱크대를 할 것인가를 묻는다면 당연히 사제 싱크대를 고를 것이다. 왜냐하면 난 가성비를 중요시 여기기 때문이다. 그리고 사제 싱크대도 사제 싱크대 나름이다. 잘하는 사제업체를 선택한다면 만족도를 높일 수 있다. 사제 싱크대회사는 참 많다. 그동안 사제 싱크대 회사와 거래하면서 느낀 점은 싱크대회사의 실력이 차이가 많다는 것이다. 여러 사제 회사를 비교하면서 고를 수 있는 안목이 필요하다. 어떤 맞춤 싱크대의 경우에는 브랜드싱크대와 가격이 비슷하거나 비싼 경우도 있으니 잘 비교해야 한다.

인터넷에 사제 싱크대 회사도 많이 있고 동네에 싱크대 가게도 많이 있을 것이다. 인터넷이라면 사용후기를 참조하고 동네 싱크대회사라면 입소문이나 지역카페에서 정보를 모아 보면 본인에 맞는 사제 싱크대회사를 고를 수 있다. 동네 사제 싱크대회사도 지역특성상 양심적이고 잘하는 사장님이 있을 수 있고 인터넷에도 잘하는 회사가 있을 수 있다.

최근 거래처인 싱크대 회사 사장님과 브랜드 싱크대와 사제 싱크대의 차이점을 직접 물어 보았다. 그 분 말씀으로는 일반적으로 소비자들은 브랜드를 선호하는 것은 당연하다는 것이다. 같은 품질의 싱크대가 있는데 브랜드는 500만원 사제는 400만원이라도 브랜드를 구매하는 소비자가 많다는 것이다. 그래서 사제는 400만원이 아니라 300만원으로 가격을 떨어 트려야 하는데 그런 가격으로 만들기 힘들다고 한다.

최근 거래처중의 하나인 붙박이장 업체가 싱크대시장에 뛰어들었다가 하자보수가 많은 것을 보고 두손 들고 철수한 것을 보니 정말 싱크대 분야가 힘든 분야인 것 같다.

수입 주방 브랜드 소개

　솔직히 말하기 부끄러운 이야기인데 우리나라는 선진국에 진입했다고 할 정도로 우수한 산업기술을 가진 나라다 하지만 우리나라 주방가구 기술은 외국제품을 보고 있으면 많이 부족하다고 느낀다. 같은 가격의 외국제품과 국내 고가제품을 보아도 외국제품이 더 나아보이니 만약 고가 국내 싱크대를 구입하려는 여력이 된다면 수입주방 브랜드로 눈을 돌려보자. 논현동 사거리 부근의 수입 주방브랜드가 많이 있는데 방문해 보면 국내제품과 가격은 동일한데 퀄러티가 더 좋은 것을 알 수 있다.

　그런데 하나 염두해 둘 것은 유럽 이탈리아나 독일제품은 주방주문후 제품이 만들어 져서 국내에 선박을 통해 오기에 경우에 따라 2달이상이 걸릴 수 있으니 사전에 알아보아야 하는 것이 필수이다. 수입사 별로 이런 경우가 많아서 본제품이 도착할 동안 간이 싱크대를 제공하는 경우도 있긴 하다. 어떤 세대는 싱크대 없이 몇 달을 보내는 세대도 있다.

　처음 서울 청담동에 있는 이탈리아 보피를 보고 이런 세계가 있구나 하는 것을 처음 알았다. 명품이란 이런 것일까? 싱크대 하나가 1억이 넘으니 상위 1퍼센트들의 생활을 엿볼 수 있었다. 유명한 싱크대 브랜드는 너무 많아서 다 소개하기는 벅차거니와 나도 많이 알지 못한다. 내가 아는 차원에서만 몇 가지 브랜드를 소개할 것이고 자신에 맞는 이 보다 더 좋은 브랜드들도 많을 것이다. 논현동 사거리에 수입 주방브랜드들이 많이 포진하고 있으니 오프라인 매장에 가서 직접 경험해 보는 것도 좋다. 단 몇 개 브랜드는 쇼룸 구경도 예약을 하고 가지 않으면 볼 수 없으니 매장 방문 전 예약을 꼭 하자.

몇 년전에 논현동 수입 싱크대 매장을 보고 우리나라 1위 업체 쇼룸을 방문했을 때 가격은 같은데 품질이 더 낮아 보이는 것을 보고 참 이상한 생각이 들었다. 그 후로 수입 싱크대 뿐만 아니라 국내브랜드도 넵스나 미션 같은 고급 브랜드가 있는 것을 알게 되었는데 정말 그 숫자가 엄청나다.

Arrital(www.arrital.com)아리탈

AK시리즈로 유명하다. 유명요리사와 같이 콜라보로 진행된 제품도 있고 유명디자이너와 진행된 제품도 있다. 고성능과 실용성에 대한 요구에 맞춰 설계되고 개발되었으며 아리탈 디자인의 깔끔한 선과 모듈에 우아함을 자아낸다. 다양한 자재와 재질과 컬러를 사용하고 있다.

아리탈 홈페이지

Falper(falper.it)팔퍼

역시 이탈리아 브랜드인데 여러가지 인테리어 용품을 만든다. 아일랜드 스토리지 유닛은 함께 어우러져, 믿기 어려울 만큼 작은 면적에 완벽한 고급 주방 환경을 연출한다. 대리석과 월넛 원목유광 래커, 무광래커등으로 제작이 된다고 한다.

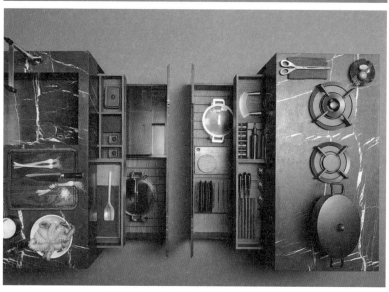

ernestomeda (www. ernestomeda.com) 에르네스토메다

2019년 국내에 첫 선을 보인 에르네스토메다는 이탈리아 장인 정신을 바탕으로 유니크하면서도 섬세한 감성으로 이탈리아에서 제작 후 국내 기술 팀에서 시공하는 100% 고객 맞춤 형태의 하이엔드 주방가구이다. 논현동에 매장이 있으니 한번 방문해 보는 것도 추천한다.

laurameroni(www. aurameroni.com) 로라메로니

다양한 가구와 싱크대 인테리어 소품을 만들어 판매하는 프리미엄 브랜드이다. 벨라지오라는 싱크대를 가지고 있는데 다양한 소재와 마감재뿐 아니라 부품과 액세서리등 주문 제작 가능한 모듈식 솔루션으로 각각의 요구를 모두 충족하기 위해 완전히 맞춤식으로 구성된 공간을 제공한다.

외국 브랜드에 대해 더 서술하려다가 이만하기로 했다. 수가 너무 많기도 하고 이 책은 셀프 인테리어 관련 책이기 때문이다. 너무 유명한 보피나 불탑 같은 주방가구와 블랑코, 엘레시등 주방기구등 너무 유명한 제품이 너무나 많지만 생략한다. 국내에도 이런 수준 높은 가구와 싱크대 브랜드가

나오길 기대해 본다. 그리고 셀프인테리어를 하더라도 외제 싱크대를 한번 둘러보는 것을 추천한다.

국내 싱크대 관련 업체중 백조 싱크는 추천하고 싶다.

백조 싱크(www.baekjosink.com)

주식회사 백조씽크는 1964년 창립 이래 최고품질의 제품과 고객만족을 향한 꾸준한 노력으로 대한민국 최대의 스테인리스 스틸 씽크볼 생산업체로 성장하였다. 혁신적인 제조기술과 경비를 위한 연구와 개발을 통해 자동화된 생산설비를 갖추었으며 안정화된 생산 및 공급망의 강화로 국내 스테인리스 스틸 씽크볼의 마켓리더 자리를 지키고 있다. 동시에 에이펠, 엘레시, 블랑코등 해외 브랜드 수입도 병행하고 있다. 최근에 법랑 제품을 추가하여 시장에 주목을 받고 있다.

싱크대 설계시 주의할 점

싱크대 설계시 주의할 점이 몇가지 있어서 집고 넘어가야겠다.

01 냉장고장의 도어 개폐 여부: 냉장고장의 위치에 따른 것인데 냉장고장이 벽에 붙거나 옆의 장에 간섭에 의해 냉장고 문의 개폐여부를 꼭 확인해야 한다. 냉장고장이 옆에 너무 붙어있거나 하면 냉장고 문이 열리지 않는다. 그러면 다시 장을 제작해야 하는데 그것은 큰 낭비로 간혹 베테랑도 실수하는 부분이다. 몇달전 한샘직원 실수로 냉장고 문이 안열리게 설계를 해서 납품했다가 몇백만원을 물어 주었다는 이야기를 들었다.

02 상부장의 문이 열릴 때 앞에 조명등이 간섭하는 여부 확인: 조명등이 튀어나온 등일 경우 싱크대 상부장이 열릴 때 조명에 닿아서 안 열릴 수 있으니 꼭 체크해야 한다.

03 오븐, 식기세척기등 빌트인 가전사이즈 확인: 오븐, 식기세척기등등 기기의 사이즈에 맞는 싱크대설치가 필요함과 동시에 기기가 설치될 때 사이즈 체크가 꼭 필요하다. 설치사이즈라는 것은 싱크대에 기기를 넣을 때 필요한 치수 그리고 실제 놓여질 필요치수 2개 다 체크해야 한다. 가스조리대는 벽에서는 반드시 15cm이상 떨어진 곳에 설치되어야 한다.

Q&A 싱크대 관련 질문

도배를 먼저하고 싱크대를 설치해야 하나요? 싱크대를 설치 후 도배를 해야 하나요? 라는 질문을 받는 경우가 있다. 도배를 먼저 시공하나 싱크대를 먼저 설치하나 장단점이 있다. 싱크대를 설치 후 도배를 하는 경우도 못하는 것이 아니지만 싱크대가 먼저 설치되면 도배시 천정과 벽면등 도배지를 짤라가면서 마감치는 곳이 어려울수 있으므로 가급적 도배후 싱크대 설치를 권유하는 편이다. 그런데 반대로 싱크대가 먼저 설치되면 또 장점이 있다. 싱크대집기면에 도배가 닿으면서 올라타게 되어 마감이 더 좋을 수도 있다. 도배면과 닿는 싱크대면이 상부장이 될지 하부장이 될지 그 부분 처리를 생각하면서 판단하면 되는데 일반적으로 싱크대는 공장제작기간이 많이 소요되어 일반적으로 공사후반부에 설치된다. 그래서 먼저 설치하고 싶어도 도배후에 시공되는 것이 일반적이다. 그러나 싱크대가 먼저 시공될 때 장점도 분명있으므로 절대적으로 도배 먼저 시공되어야 한다는 법은 없다. 또 하나 장점은 싱크대 시공중 도배가 안 되어 있으므로 도배지가 손상될 일이 없다. 일반적으로 도배가 잘되어 있는데 싱크대를 설치하거나 운반하면서 도배지를 손상하는 경우가 종종 발생하는데 그런 일이 일어나지 않으니 좋다. 싱크대가 먼저 제작이 될 수 있다면 도배전에 시공하는 것도 추천한다.

조명 설치공사

도배가 끝난후 조명설치 공사를 하게 된다. 주의해서 볼 것은 사각등일 경우 방의 벽과 천정과 같이 정렬되어 있는지 체크하고 전기공사 기사가 깜빡하고 설치하지 못한 스위치나 콘센트가 있는지를 본다. 조명등 밖으로 전선이 튀어 나온 것이 있는지 조명등 밖으로 빛이 새어 나오는 것이 있는지 체크한다.

인테리어 Tip 조명등을 교체할 때 감지기교체도 같이 하자.

인테리어조명등을 설치할 때 천정에 달린 감지기등도 새로 교체하는 것을 고려해 보자. 세월이 흘러 누렇게 변한 정온식, 차동식, 가스 감지기등을 교체하는 것이 좋다. 감지기를 교체할 때는 미리 관리 사무소에 연락을 하는 것이 좋다. 일부 네트워크가 잘되어 있는 아파트는 감지기를 떼어낼 때 화재경보기가 발동할 수 있기 때문이다.

전기공사를 할 때 감지기나 환풍팬등도 교체하는 것이 좋다. 누렇게 황변이 온 기물들을 교체하면 마치 새 집이 된 것 같다.

누렇게 황변이 오고 오래된 감지기들

교체 후 모습

조명등의 색상에 따른 분류

조명등은 하얀색 계열색상과 노란색 계열색상이 있는데 이것을 색온도라 하고 단위는 캘빈(K)으로 조도와 같이 조명의 중요한 요소이다. 앞에서 조명설계 방법에서 설명했지만 설치할 때도 조명의 색온도는 중요하다.

Q&A 스위치 중에서 삼로스위치는 무엇일까?

조명 설치 후 가장 많이 질문되는 것 중 하나가 삼로 스위치일 것 같다. 예를 들어 현관에서 복도등을 키고 들어와 거실에서도 끌 수 있도록 하고 반대로 거실에서 키고 현관에서 끌 수 있도록 만든 스위치이기에 2군데에서 조절이 가능하다. 그러기에 한쪽은 오른쪽 방향이 끄는 방향, 그리고 다른 쪽은 그 반대방향이 끄는 방향이 되어 그때그때 스위치의 온오프 방향이 바뀌는데 그것을 고장이라고 생각되는 경우이다. 삼로 스위치특성상 온오프 방향이 바뀐다.

유리 공사

유리는 평수 계산하는 것이 다른 공정과 다르다. 유리 한평은 30cmx30cm를 가리킨다. 그래서 우리가 생각하는 평의 개념과 다른 개념이다. 일반적으로 맑은 유리(5T)한평은 소매가 5000원에서 6000원정도이다. 일반 유리인 경우 문짝하나 정도면 시공포함해서 10~15만원이라고 보면 된다.

그 외 색상이 들어간 유리라든가 최근 인기있는 세로줄무늬 유리의 모루유리, 아쿠아유리등이 있다

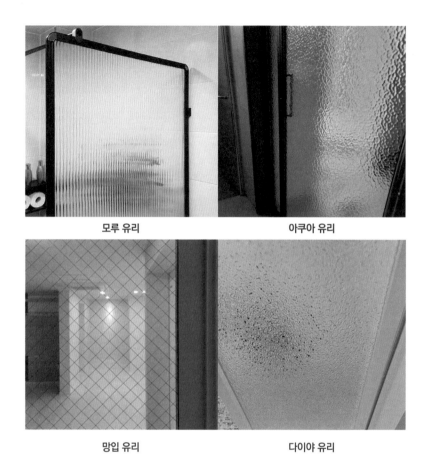

모루 유리   아쿠아 유리

망입 유리   다이야 유리

창호공사

아파트 인테리어에서 많은 비용을 차지하는 것 중에 하나가 창호공사이다 다른말로 샤시공사로도 불린다.

시중에 많은 제품이 나와 있고 비용도 많은 차이를 보인다. 이중창과 단창으로 구조는 되어 있고 내부용에는 22mm 외부용에는 26, 24,mm 제품이 주를 이룬다. 시공자의 스킬에 따라 샤시품질도 좌우된다. 창호공사는 확실하게 믿을 수 있는 업자를 발견하기 전까지는 계속 새로운 업자를 만나 견적을 내보는 것이 중요하다. 여러 업자를 만나면서 현장견적을 진행해 본다면 어느 정도 적정가격이 나올것인데 주의할 점은 이중창일 경우 발코니 전용창이라면 10~20퍼센트 가량 가격이 비싸므로 전용창인지 아닌지 확인한다.

또한 스카이나 사다리차가 진입이 가능한지 엘리베이터로 얼마나 큰 창이 올라올수 있는지 현장상황에 따라 금액차이가 나게 된다.

창호공사가 있는 인테리어 공사의 경우 창호공사는 초기 공정이고 창호가 제작기간이 3~7일 걸리는 공정이기에 공사 시작전 제작에 들어가는 것이 좋다.

창호공사는 특히 여러곳에 견적을 내보는 것이 좋다. 어떤 제품 어떤 유리를 사용하는가를 중요시 보면서 적어도 3군데 이상 견적을 받아 보는 것이 좋다.

실리콘 코킹공사

현대 인테리어는 실리콘이 없었다면 마감하기 힘든 부분이 너무도 많았을 것이라고 인테리어 관계자들은 입을 모은다. 누가 발명했는지 실리콘이 없다면 정말 어려운 부분이 정말 많았을 것이다. 일반적으로 인테리어는 작은 틈이나 벌어진 면이라든가 깔끔하게 안떨어지는 부분이 있는데 이럴 때 실리콘 코킹을 잘하게 되면 마감이 깔끔하다. 화장실 문틀사이라든가 걸레받이, 천정몰딩 틈등에는 꼭 해야 하는 부분인데 이것이 전문가가 아니면 깔끔하게 쏘기 힘들다. 어려운 부분은 전문가에게 맡기고 간단한 것은 본인이 직접 쏴야한다.

유튜브등에 실리콘 잘쏘는 법 강좌가 많이 나와 있으니 한번 시청해 보고 쏴보는 것이 좋다. 나또한 실리콘 코킹기사에게 전문코킹을 의뢰하고 있다. 하지만 놓치고 쏘지 못한 부분이 생길 경우 간단한 경우는 직접 쏘고 있다.

또 하나 포인트로 반투명계열의 실리콘은 1년이 지나면 누렇게 변하는 단점이 있다. 실리콘에도 종류가 여러 가지 있는데 크게 비초산과 바이오 그리고 수성이 있다. 비초산, 바이오, 수성 모두 반투명은 시간이 지나면 누렇게 변한다. 바이오는 백색 또한 누렇게 황변이 온다. 백색인 경우 가급적 바이오 실리콘을 쓰지 않아도 되는 곳은 일반 비초산 실리콘 백색을 사용하자. 백색의 경우 일반 비초산 실리콘의 변색이 바이오 실리콘 보다 덜하다.

며칠 전 실리콘 코킹기사와 일을 한적이 있는데 바이오 실리콘이 누렇게 변하는 걸 아직도 모르는 기사가 있었다. 1년 내에는 황변이 오지 않으므로 그냥 넘어가는 것이다. 사실 인테리어가 처음에 짱짱하게 나오고 입주에만 넘어가면 되는 것이 우선이라 이 부분을 소홀히 하기 쉽다. 페인트를 하는 곳 또는 도배면에는 수성 실리콘을 사용해야 한다. 수성 실리콘은 마른 후 그 위에 페인트를 덧칠해도 되기 때문이다.

인테리어 TIP   실리콘 실력향상 방법

실리콘을 쏠때 간단히 2가지만 기억하면 좋다.

첫째: 실리콘 노즐을 45도로 자른다.

둘째: 실리콘 총을 직각으로 들어 쏜다.

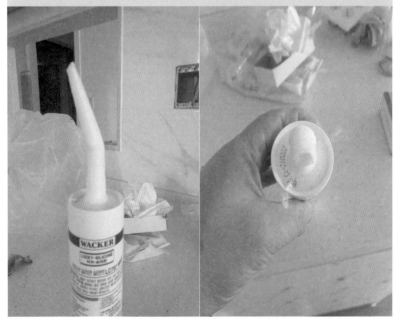

고수의 실리콘 구찌   웃는 입의 모습이다

쓰레기등 폐자재 가장 싸게 버리는 법

공사 중에는 계속해서 폐자재등 버려야 할 것이 많이 나온다. 어떻게 보면 공정별로 폐자재를 수거하는 것이 일에 포함된 것으로 볼 수 있는데 그렇지는 않다. 목수의 경우 목공 부산물중 잘라서 버려지는 판재와 각재와 mdf 가루 같은 것은 목수가 치우지 않는 것이 일반적이다. 공사감리자가 처리하거나 따로 철거업자에 의뢰하여야 한다. 나무는 나무만 모아서 버리면 저렴한 편이지만 어떤 다른 자재가 석이면 혼합으로 분류되어 가격이 올라간다. 1톤 한차에 50만원정도이니 물량을 생각하면서 비용을 지불하면 된다. 이것은 단순히 버리는 금액이고 작업자가 현장에 와서 현장에 혼재되어 있는 폐기물을 모아서 자루에 담아서 치워준다면 비용은 뛰게 된다.

공사관리자가 마데자루에 쓰레기를 담아 1층에 내려놓는다면 치우는 비용은 저렴하다. 공사 중간에 20~35만원정도 비용을 지불하면서 조금조금씩 현장을 정리해 두는 것이 좋다.

쓰레기가 쌓여 있으면 그 먼지등으로 인해 공사에 악영향을 끼칠 뿐만 아니라 현장이 좁아져서 속도가 나지 않는다. 쓰레기를 한번에 버리는 것이 물론 이득이긴 하지만 중간중간 계속 버려야 한다. 일반적으로 목공작업후, 타일작업후는 필수인듯하다.

공사관리자가 할 수 있는 일중에 현장정리 작업이 가장 좋은것 같다. 셀프 인테리어를 진행하면 중간 중간 현장정리를 해둔다면 공사현장도 정리되고 비용도 절감된다. 특별한 기술이 필요한 것이 아니기에 셀프 인테리어 진행자가 해도 좋은 것이다.

필름 작업과 도배작업 시에는 마데자루나 종량제봉투를 사다주면서 쓰레기를 여기 담아달라고 사전에 부탁해 두고 종량제봉투에 담아 버리는 것이 좋다. 도배지는 실크도배지는 비닐코팅이 되어 있는 것이라 종량제 봉투에 담아버리고 합지벽지는 일반종이라서 종이버리는 곳에 말아서 버려도 된다.

시간이 된다면 목공자재, 타일자재등 종량제 봉투에 담을 수 없는 것은 특수 소형건축폐자재 봉투에 담아 버린다

재활용 가능한 박스, 유리, 철은 재활용박스에 버린다. 특수소형건축폐

자재 봉투는 파는곳이 한정되어 있으니 가까운 주민센타에 문의해서 어디서 파는지 문의해서 구입한다.

가전제품이나 가구, 위생기기 등은 구청 사이트에 접속해서 대형폐기물 신고서를 작성해서 출력후 신고서를 붙여서 버리는 것이 가장 저렴하다.

이것만 잘 활용해도 상당한 금액이 세이브가 되지만 쓰레기를 모으고 내리고 먼지 마시고 옷버리고 하면 세이브되는 금액은 줄어드니 이것도 생각을 해 볼 필요가 있다.

입주청소 및 기타 공사

입주청소도 인테리어의 하나의 부분이라고 생각한다. 인테리어가 아무리 잘 되어도 청소를 제대로 못해 놓으면 현장의 분위기는 반감된다. 기존 에어컨 필터 청소도 포함되어 있는지 특히 현장에서 청소를 해야 하는 특별한 부분이 있는지를 체크해 보자 인테리어가 끝나고 새로 입주할 때 정말 새집에 들어가는 느낌... 그 느낌은 정말 최고의 느낌이다.

비록 그 후에 청소를 하고 지내던 뭐든 인테리어공사 후 완벽히 정리된 그 순간을 만끽해 보자. 그 외 방충망 공사, 커튼이나 블라인드도 시공되는 주변 인테리어 칼라에 맞추어 골라보자.

물론 입주 후에도 할 수 있겠지만 가능하면 입주 전에 하고 들어가는게 좋지 않는가?

빡곰
실장 일기
좀 도둑

① 아.. 어제 작업하신 반장님.. 레이져 수평기를 두고 가셨다고요?

② 다행이 현장에 있네요.. 오셔서 가져가시면 되겠습니다.

③ 어.. 방금 여기 있던 수평 레벨기가 어디 갔지?

④ 여기 계신분이 반장님과 저뿐인데 혹시 레벨기 가져 가셨나요?

이 사람아!! 이런데 일하는 사람이 그런걸 왜 가져가나? 참나... 사람을 그렇게 보면 안돼!

⑤ 죄송한데 반장님 가방좀 뒤져봐도 될까요?

⑥ 아.. 그게 아니고.... 가방에 있다고 한 이야기였어.... 참 난 농담도 못하나... 아... 하하

⑦ 음... 인간이란... 별의 별 인간이 다있네.. 씁쓸하다...

줄눈 코팅공사

　줄눈 코팅 공사도 요즘 많이 시행되고 있는 공사라 항목에 넣어 보았다. 일반적으로 줄눈은 시멘트 계열이라 특히 거실 타일 시공한 경우 줄눈이 떨어져 나와 주기적으로 줄눈을 보충해 주어야 하는데 가루가 나오는 것이기에 불편하다. 그래서 요즘은 거실 타일인 경우 줄눈 코팅을 하는 경우가 많다. 화장실 바닥타일도 대상이다. 줄눈 코팅 공사는 인테리어공사 후 입주청소를 마친후 할때 가장 좋게 나온다. 입주한 집의 코팅공사를 할 때는 기존 줄눈 제거 작업이 힘들기에 비용이 더 나온다. 며칠전 기존 사는 집에 줄눈 코팅을 의뢰를 받고 금액을 알아보니 화장실 한 칸당 80만원이 넘으니 이런 경우 배보다 배꼽이 큰것 같다.

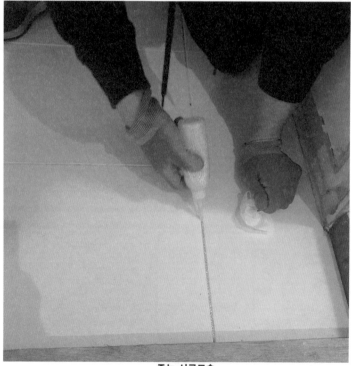

줄눈 시공모습

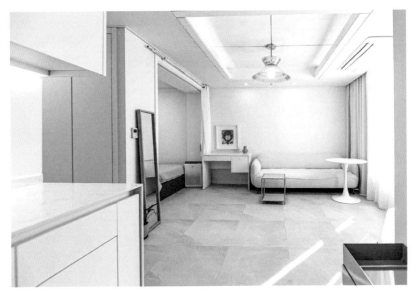

3장
인테리어 하자와 기타 사항

사람이 시공하는 거라 하자는 빈번한 일로 발생한다. 중요한 것은 적절한

하자 보수 방법을 알고 있으면 큰 걱정을 하지 않아도 된다. 하자 유형 또한

매우 다양한데 공정별로 주요한 하자 내용만 다루어 보겠다.

하자가 없는 인테리어 공사는 없다?

공사가 마지막날 일정으로 끝이 났다. 청소도 마쳤고 겉으로 보아서는 끝이 난것처럼 보이지만 자질구레하게 해야 할 것이 남는다. 예를 들어 여기다가 추가로 레일을 설치해야 한다든가 화장실 줄눈이 부족하다던가 어느 부분이 청소가 잘안되어 있다 든가 하는 것들이다. 이른바 "끝나도 끝나지 않는 것"이 인테리어 공사의 특성이다.

중요한 것은 그런 자질구레한 일들까지 얼마나 빨리 마무리 하는냐 이다. 이 세상의 어떤 건축공사, 인테리어 공사가 그런 조그마한 미비함 없이 퍼펙트하게 끝날 수 있을까? 아마 없을 듯하다. 그런 미미한 하자(?)는 당연한 것이니 이해를 하는 것이 좋다. 공정이 많은 올리모델링 공사는 미미한 점이 남는 것이 어찌보면 당연하다.

하지만 그 외로 진짜 하자라고 할 수 있는 것들이 있다. 진짜 하자는 처음부터 발생을 시키지 않는 것이 좋다. 그러기 위해서는 우수한 기공을 섭외하는 것이 첫번째 우선 순위이고 두번째로 우수한 기공들이 편하게 일할 수 있는 환경을 조성 해 주는 것이다. 그리고 세번째로 내가 원하는 바를 잘 커뮤니케이션 해서 공사가 잘 될 수 있도록 이끌어 내는 것이다.

하지만 하자는 일어 난다. 아무리 우수한 기술자라도 사람이기에 실수를 한다. 다음으로 공정별 주요하자와 처리방법에 대해 간단히 기술하겠다.

이런 하자보수를 위해 잔금 10%정도는 하자 보수 후에 주는 것이 좋다.

도배하자

　주택 인테리어에서 가장 많은 부분을 차지하는 것이 도배하자일것 같다. 그래서 주택 인테리어를 하려면 도배부분을 확실히 잡지 않으면 매일 하자 보수하는데 시간을 소비할 것이다. 특히 실크도배는 상당한 기술을 요하는 도배로 일반 도배사 5명중 1명만 제대로 할 수 있다. 필자도 사업초기 일급 도배사를 만나기 전까지 하자보수로 고생을 많이 하였다. 도배를 배우기 위해 학원도 다니고 학원 선배님 소개로 좋은 도배사도 소개 받고 나 스스로 도배 조공으로 현장에 투입하여 여러 도배사를 만났다. 지금은 1급 도배사 들과 강한 네트워크를 형성하고 있다.

　도배는 다 같은 도배가 아니다. 도배가 차지하는 면이 대체로 가장 많으며 최종 마감이기에 하자도 많이 발생한다. 당연한 이야기지만 하자는 미연에 방지하는 것이 좋겠지만 아무리 1급 도배사라도 사람인지라 도배하자는 발생한다. 특히 많이 발생하는 때는 겨울이다. 도배시공 후 무심결에 창문을 열고 현장을 나오면 밤새 추위로 도배지가 다 터져 있을 것이다. 도배지에 제일 안좋은 것은 급격한 온도변화이다. 풀이 마르려면 자연 건조가 좋다. 그런데 갑자기 찬공기가 불어 온다든가 하면 도배지가 이상하게 말라서 하자가 발생한다.

인테리어 Tip　도배시공후 모서리 등에는 보호대를

도배시공후에 진입부등에 꺽인 곳이 있다면 그 부분 기억자 몰딩들으로 보호대를 설치해 두는 것이 좋다. 누군가 한번 실수로 긁어 버린다면 엄청 속상하기 때문이다.

옆면에 들떠있는 하자보수 부분

도배지와 다른 자재가 닿는 부분에 하자중 많이 발생하는 들떠있는 부분은 화이트 색상 계열의 경우 바이오 실리콘을 발라주는 것이 지금까지 발견한 것 중 최선의 방법인 것 같다.

부분 도배하자 보수

도배지와 도배지가 벌어진 부분은 벌어진 부분을 풀로 보충한 후 양쪽 도배지를 롤러로 밀어주면 쉽게 잡힌다.

하자부분이 도배지 중간에 있다면 이른바 장미따기(스기따기)를 한다. 제일 많이 하는 방식이라고 생각이 된다.

페인트 하자

페인트 하자도 많은 하자 중에 하나이다. 페인트는 에어리스 페인트라고 불리는 뿜칠 페인트와 우리가 일반적으로 알고 있는데 붓이나 롤러로 칠하는 페인트가 있다. 정밀한 에어리스 페인트의 경우 하자를 없게 하기 위해서는 당연한 말이겠지만 페인트 기술자를 잘하는 사람을 쓰면 좋은데 페인트 쪽 기술자도 정말 말이 기공이지 형편없는 사람이 많다. 기술 중에 페인트 기술이 가장 빠르게 배운다고 한다. 몇 개월 페인트 배워서 고급 페인트 기술자 행세를 하고 다니는 사람이 많다.

아파트 베란다에 칠하는 중요도가 떨어지는 페인트의 경우는 일반인들도 보수를 볼 수 있을 정도로 난이도는 하이다. 그러나 에어리스 페인트가 하자가 나거나 갈리지는 경우는 그 부분 전체를 다시 시공하는 경우까지 생기므로 사전에 주의 하는 것이 좋다.

최근 인근에 있는 인테리어 업체가 페인트 하자로 소송까지 갔다고 한다. 고급 페인트가 잘못되면 수정도 어렵고 하니 가급적이면 페인트를 중요부위에는 안쓰는 것도 한 방법이라고 생각한다.

인테리어 Tip 페인트 얼룩에는 아세톤을

수성페인트 얼룩이 생긴곳에는 여성분들의 손톱 손질용 아세톤을 사용하면 금방 지워진다.

타일하자

타일하자 중 가장 많이 발생하는 것은 아무래도 부분 타일 보수 일것 같다. 특히 거실바닥타일이 서로 단차가 맞지 않는 부분 보수는 타일의 테두리에서 2~3센티 안쪽인 부분에서 그라인더로 직선 홈을 내고 가운데 부분은 망치로 타격하여 제거하고 남은 테두리 부분은 안쪽에서 끌 같은 도구를 이용하여 제거하는 것이 효과적이다.

하자가 많이 발생하는 타일하자 중 또 하나는 시공 후 타일 2장정도 서로 물고 앞으로 튀어 나오는 하자이다. 타일도 물체로서 열전도가 되는 제품이다. 그래서 열을 받으면 평창하고 열이 식으면 수축한다. 여름과 겨울이 있는 우리나라는 타일 하자가 생기기 좋은 나라이다. 아주 오래된 재건축대상 아파트에 가보변 화장실 모서리 부분이 깨진 하자가 많은데 그건 열팽창, 수축에 따른 타일의 부피변화에 기인한다.

부분타일 보수 모습

화장실 방수 하자

화장실에 물이 새는 경우 여러 요인이 있겠지만 일단 가장 적은 비용으로 할 수 있는 것으로 줄눈방수를 추천한다. 줄눈방수액은 가까운 페인트 가게에서 손쉽게 구입할 수 있고 화장실 바닥타일 줄눈 부분을 붓으로 칠해주기만 하면 된다. 바닥을 들어내고 방수를 다시하고 다시 타일을 해야하는 번거로움을 줄이고 5만원이면 해결할 수 있으니 먼저 이 방법을 고려해보고 안될시 에는 전문가에게 의뢰하자.

그 외 세면기의 앵글밸브에서 물이 새는 경우가 많다. 아마 화장실에서 물새는 것의 80퍼센트 이상이 해당한다. 생각될 정도로 많다. 앵글밸브 조인트 부분을 손으로 만져 보면 물이 새는지 알 수 있다. 앵글밸브를 교체하여 설비업자에게 40만원을 지불하는 것을 세이브 하자.

요즘은 참 좋은 것이 유튜브라는 인터넷에 셀프로 할 수 있는 방법이 동영상을 통해 소개되고 있다. 시청해 보고 할 수 있겠다 싶으면 해보고 안되면 전문가에게 의뢰한다.

방수액을 줄눈사이에 바르는 것으로 기본방수가 가능한 줄눈방수액

앵글밸브 조인트 부분을 손으로 만져서 물이 새는지 확인한다.

화장실 덧방 시공 후 유가 주변하자

화장실 덧방 타일 시공 후 바닥타일인 경우 바닥 표면 레벨이 상승하는데 거기에 맞추어 파이프를 연장하거나 다른 조치를 적절히 취하지 않으면 누수가 발생할 수 있다. 상식적으로 파이프는 꼭 체결이 되어 있어야 물이 세지 않는것이다 그런데 화장실 바닥을 덧방 시공을 하게 되면 자연스럽게 타일 두께만큼 바닥레벨이 올라온다 그런데 유가는 타일 표면에 있기에 원래 있던 하수구 파이프와 체결하기에 좀 짧을 수가 있으니 꼭 체크해야 한다

모든 현장이 그런 건 아니고 유독 바닥 파이프가 깊게 심겨진 경우가 있다 단지 하수구 뿐아니라 변기 쪽 파이프도 그럴 수 있다. 여기에 타일러는 본인은 단지 타일만 잘 붙이면 되는 것이라는 주장을 하며 타일만 붙이고 가게 되면 누수가 발생하는 경우가 있으니 체크하는 것이 필수이다. 최근에 어떤 분이 화장실에서 누수가 된다면서 누수업체 두 군데를 불렀는데도 누

수를 찾지 못했다고 하면서 나에게 의뢰하였다. 전에 바닥 타일을 덧방시공한 적이 있다고 하는 것을 듣고 바로 이것이 원인이라고 파악하여 해결해 드렸다.

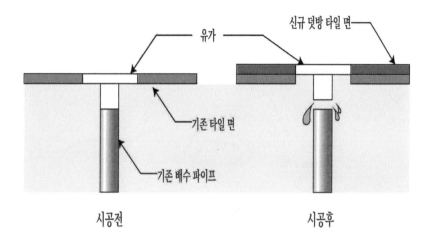

화장실 하수구등 각종 냄새 악취하자

화장실이나 싱크대등 각종 하수구를 통해서 올라오는 냄새에 대한 하자가 많이 발생하는 편이다. 이는 시중에 나와 있는 하수구 트랩으로 간단히 해결가능하다. 기존 유가의 기본트랩을 빼내고 하수구트랩을 넣는 것만으로 간단히 해결 가능하다. 물이 내려갈 때만 하수구가 열리는 구조이므로 냄새가 올라올 일이 없다. 싱크대용 트랩도 마찬가지이다.

시중에 나와 있는 일반유가와는 다르게 타일유가라든가 각종 디자인 된 유가들이 있는데 만약 냄새가 난다면 시중에 나와 있는 냄새없애는 트랩이 안맞을 수 있으니 사전에 고려해야 한다. 디자인은 타일유가라든가 디자인 유가가 훨씬 좋지만 냄새가 올라온다면 골치 아프기 때문이다.

악취의 원인은 주로 구멍이 뚫려있는 부분을 주목하면 된다. 화장실에는 대표적으로 하수구(유가)와 변기이다. 하수구 냄새 트랩으로도 잡히질 않을 경우 변기쪽에서 냄새가 나올 수 있다. 그럴 경우 변기를 다시 앉히는 것을 고려해 보자. 그 공사를 담당했던 위생기기 셋팅기사에게 변기에서 냄새가 나오는 것 같으니 다시 변기를 앉혀 달라면 된다.

하수구 냄새 방지용 트랩 설치 모습

인테리어 TIP   타일유가를 사용할 때 주의를

요즘에 일반유가 대신 타일유가가 유행하고 있다. 타일유가를 사용할 때 주의할 점은 머리카락이 많이 빠지는 분들에게는 좋지 않다. 어떤 분은 하루에 머리카락이 빠지는 양이 상당히 많은 분이 계셨는데 머리카락이 타일유가 밑으로 들어가 매일 유가 커버를 들어내서 꼭 머리카락을 제거해야 했다.

그리고 타일유가중에 냄새 방지 트랩이 설치되지 못하게 구멍이 작은 타일유가가 있는데 표준 유가와 사이즈가 같은 걸 구입하는 것이 좋다.

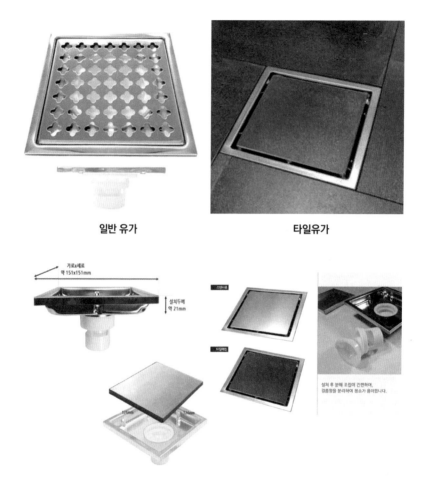

일반 유가

타일유가

타일유가를 구입시에도 밑에 부분이 일반유가와 동일한 제품을 구입하면 냄새트랩설치에도 호환성이 좋 으니 위의 제품처럼 생긴것을 구입하자.

필름하자

필름하자는 주로 꺽임면에서 필름이 붙어있지 않고 떨어지는 것이 많다 이는 헤어드라이기 같은 것으로 가열하면서 다시 눌러주면 안에 있는 접착 제가 살짝 녹을 때 붙여는 주는 방식이다. 주요 필름하자의 90퍼센트 이상 을 차지한다. 일반인도 쉽게 하자 보수가 가능하니 AS요청보다 직접해보는 것도 나쁘지 않다.

기포가 생긴 경우도 자주 나타나는 하자인데 칼로 살짝 실구멍을 내서 손가락으로 눌러주면 해소되는 경우가 있지만 이 경우에는 AS요청을 하는 게 낫다.

목공하자

일반적으로 목공은 초기 공정이므로 사전에 하자를 알게 되어 보수가 되는 경우가 대부분이다. 후기에 발생하는 하자로는 문의 개폐가 원활하지 않는 것이 있다. 문을 대패로 갈아내야 하는 경우도 있고 기름을 쳐서 부드럽게 해야 하는 경우 등이 대표적이다.

최근 목공분야 하자보수가 가장 많은 곳은 터닝도어라고 어떤 조사기관에서 소개한 글을 읽은 적이 있다. 터닝도어는 밀폐도어로 도어자체가 무겁기에 시간이 지나면 처지게 되는 경우가 많다. 이것은 뒷부분 경첩에 있는 육각볼드를 조여줌으로써 간단히 해결할 수 있는데 잘 알려지지 않은 것이다. 간단히 유튜브에서 터닝도어 수리만 검색해 보면 쉽게 찾을 수 있다.

Q&A 결로가 생기는데 이것도 하자인가요?

단열공사후 결로가 생기는 경우가 있는데 단열공사 자체가 잘못되었을 수도 있다. 이외에는 이중창설치를 하지 않았거나 바닥에 어떤 이유로 난방을 연장하지 않으면 결로가 쉽게 생길 수 있다. 결로를 방지하기 위해서 3가지 요소 바닥난방, 이중창 설치, 단열공사를 확실히 할 것이다. 만약 이렇게 잘 시공되었는데도 결로가 생긴다면 환기를 자주 시켜주는 것으로 결로를 예방하는 것이다.

여름철 찬 맥주잔 표면에 물방울이 생기는 것이 결로인데 외부 내부 온도차가 커서 생기는 것이다.

인테리어 TIP **관리사무소의 활용**

아파트마다 관리사무소가 있다. 최근 공사에서 스위치커버를 분실하였는데 이것은 난방조절기와 같이 붙어있어서 범용커버가 아니라 시중에서 구하기가 어려웠는데 관리사무소에 문의하니 해당회사를 알려주어 간단히 그 커버를 구할 수 있었다. 그리고 기본적인 보수는 관리사무소에서 보수 해주는 경우가 있으니 알아보는 것이 좋다. 인테리어공사후 발생한 누수 하자가 반드시 인테리어 공사 때문에 일어나는 경우가 있지는 않은것이다. 아파트자체에 하자가 있는 경우가 있다.

인테리어 정리 수납에 대해

최근에 우연히 서점 인테리어 코너를 지나가게 되어 인테리어 관련 책을 보니 대부분 수납, 정리에 대한 책이었다. 의외로 일본책을 번역한 책들도 많았다. 정리 정돈, 수납같은 것은 일본이 전통적으로 정리라든가 아기자기한 측면이 있는 나라이다. 일본이라는 나라가 깨끗하고 정갈한 이미지가 있는 것은 부정할 수 없다.

정리 정돈에 강한 나라 일본인들이 소개한 정리, 수납방법이 궁금했다. 여러 가지 책을 보았다. 그런데 그 책들의 대부분을 공통된 내용이 있었다. 그것은 "버리기" 였다. 또는 없애는 것이다. 그건 가지고 있는 물건을 집착하지 않고 버리는 것이다. 내 재산의 일부를 그냥 버리는 것이다. 뭔가 손해

본 것 같은 느낌이 들지만 버리므로 해서 공간이 넓어지고 정리가 되니 더 큰 혜택을 누릴 수 있는 것이다.

버리는 것도 순서를 정해서 버리고 있었다. 오늘은 무엇을 버리고 내일은 무엇을 버리고 어떤 책은 마지막으로 차를 버렸다고 했다. "아... 정말 너무 많은 것을 내가 소유하고 있었구나" 물건 값으로 따지면 얼마 되지 않지만 버리기 아까워서 가지고 있었던 수많은 물건들, 버리므로 해서 자유로워질 수 있다. "버린 만큼 얻는다" 이런 이야기가 있다.

작은 것에 집착하여 버리지 못하고 있다면 생각을 달리해 버리자. 폐기물 처리하는 사람을 부르거나 지인이나 가족들 같이 집에 있는 무거운 것들을 대형폐기물 스티커를 붙여 버리자. 물론 아까운 생각이 들 수 있겠지만 사용하지 않는 물건, 그리고 앞으로 사용할 가능성이 없는 물건을 찾아보면 집에 어떤 물건이 있을 수 있다. 날을 정해 과감히 버리자.

사용할지 않을지 모르는 모호한 것이 있다면 그것도 그냥 버리자.
버릴지 말지 모르겠다는 물건은 일단 버리고 생각하자..

빡곰
실장일기
인테리어란?

누군가 나에게 인테리어가 뭐냐고 묻는다면?

나는 이렇게 말하겠다...

분진을 마시는것이라고..

가슴이 따끔거리고 숨이 찬다.
인테리어의 또 다른 정의
분진을 마시는 것

인테리어 시공의 위험성

인테리어 시공은 위험한 부분이 많다. 현장은 대체로 먼지가 많고 소음이 심한 경우가 많다. 그것을 가까이하기에 호흡기 질환에 걸릴 수 있는 확률이 증가한다. 항상 분진과 같이 하기에 마스크등 장비가 필수인데 대화를 하기 위해 분진 마스크를 벋는 경우가 많다. 시공자들은 제대로 된 보호장비 없이 일하는 경우가 많다. 그 사람들은 오염에 강한 것인지 모르겠다. 타고 나는 체질도 있을 것이라 보여진다.

한편으로 우리가 아는 카터 칼도 간단히 사무용으로 쓸 때와 인테리어 시공용으로 장시간 무언가를 자르거나 할 때는 다르다. 이것을 가볍게 볼 것이 아니다. 손가락 같은 부위의 혈관은 어디를 살짝 건드려도 피가 멈추지 않을 수 있다. 정말 살짝 손가락 부분을 찔렸는데 응급실에 가서 수술을 받아야 하는 것이다. 그리고 현장에 있는 회전 톱날 공구들은 더 위험하다. 살짝만 접촉되어도 살점이 날아간다. 이 부분은 정말 강조하고 싶다. 현장에서 일하는 사람들의 부상이나 사고 소식을 보고 들을 때 정말 조심하지 않으면 안 되겠다고 생각한다.

인테리어 관련 기술진의 일당이 대체로 25~30만원인데 한달로 따지면 쉬는 날을 제외하고도 600만원이 넘는다. 비교적 고소득인데 그 이유는 위험수당도 포함된 것 같다. 사실 위험한 순간이 종종있다. 알고 있던 기술자가 최근 잘 안보여서 물어보니 병원에 있다는 것이다. 육체 노동을 하다 보니 오염된 공간에 장시간 노출되어서 그것이 질병으로 연결되는지도 모르겠다. 높은 곳에서 일하는 경우도 많고 낙상의 위험, 여름에는 더위와 겨울에는 추위와도 싸워야 한다.

유튜버 인테리어 쇼에 대한 생각

　최근 유튜브에서는 인테리어 쇼라는 채널이 인기를 끌고 있다. 친한 목수들이 인테리어 쇼 때문에 못 살겠다고 전화가 오는 바람에 나도 채널을 보게 되었다. 목수들 이야기로는 안 되는 것을 만들라고 하니 미치겠다고 한다. 실력이 좋은 1급 목수조차 그런 이야기를 하는 것을 보면 엄살은 아닌 듯했다.

　처음에는 단순히 하나의 아이디어를 자랑하는 것으로 생각해 버렸던 이 채널이 계속 성장을 하는 것을 보고 왜 성공했을까? 하는 생각이 들었다. 결론은 열정인 것 같다. 인테리어를 보는 열정이 엄청나게 느껴졌다. 벽에 고밀도 mdf를 설치해서 하이엔드 주택 인테리어를 구현한다던가 히든도어의 디테일을 설명하여 일반인들도 어느 정도 이해할 수 있도록 하였다. 제작자는 고급 인테리어에 대해 아이디어를 내서 합리적인 가격에 구현할 수 있는 좋은 아이디어를 많이 제시하고 있다. 더 나아가 인테리어 소품, 자재 등에 대해 업그레이드 하는 고민을 하며 우리에게 생각할 여운을 던지고 있다. 단지 주택인테리어에 국한된 것이 아니라 상업인테리어 그리고 어떠한 산업분야에라도 당연시 여긴 부분을 개선하려는 아이디어는 모든 분야에 적용 가능한 것이다.

　이젠 하나의 스타일이 되어 내 주위에서도 종종 일어나고 있는 것을 목격한다. 기존 잘하던 인테리어업체도 그 스타일을 받아들여 자신만의 방법으로 풀어내서 멋진 인테리어를 선보이고 있다. 알고 있던 업체가 있는데 페인트로 벽체마감을 하면 손이 많이 가니 필름으로 대체한 것을 보았다. 정말 좋은 아이디어였다. 그러나 필름은 롤단위로 반드시 이음새가 있을 수 밖에 없는데 그들만의 노하우로 최소화 하고 있었다. 확실히 선두권에 있는 업체는 어떠한 스타일도 잘 풀어내는 구나 하는 것을 느꼈다.

인테리어 쇼 스타일이 정답은 아닐 것이다. 인테리어에 정답은 없다. 하지만 인테리어를 하다보면 아쉬운 마감을 어떻게 처리할까? 하는 생각을 끊임없이 하게 되는데 인테리어 쇼를 보고 필자도 다시 한번 깊게 생각해 볼 필요가 있고 또 그것을 안 된다고 그냥 포기하지 말고 적극적으로 개선해 볼 수 있다는 생각이 들었다.

이 책은 당연히 인테리어쇼 처럼 하이앤드 고급형 인테리어에 대한 내용은 아니다. 아직 대부분 클라이언트 분들은 본인집을 깔끔하게 꾸며서 살고 싶은 분들이 대부분이다. 중요한 것은 비용이 그래도 많이 들기 때문이다. 몰딩이란 마감을 깨끗하게 하기 위해 덧붙이는 것인데 몰딩없이 마감을 하려면 정밀도를 높여야 한다. 그러려면 많은 비용이 들어 갈 수 밖에 없다. 그런 비용을 최소화 한다고 해도 몰딩을 사용하는 것보다는 더 들어가게 된다.

내가 만났던 대부분의 고객의 최대 관심사는 "인테리어 비용" 이었다. 현재 일반적으로 일어 나는 인테리어 작업만 해도 충실히 구현하려면 비용은 적지 않게 들어가니 말이다. 일단 천만원단위의 금액을 투자할 수 있는 평범한 서민이 많지는 않은 것 같다. 개인적으로는 인테리어 쇼 스타일 인테리어를 좋아하지 않는다. 합리적인 가격으로 깔끔하게 꾸미고 개인적으로 좋아하는 디자인을 가미해서 인테리어하는 것만 해도 나에게는 버겁기 때문이다. 그러던 중 시장에서는 인테리어쇼 따라하기 위한 편리한 제품이 속속 출시되고 있다. 대표적으로 히든도어 완제품이다. 필자도 단번에 달려가

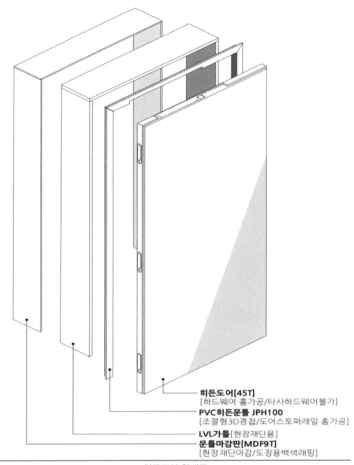

히든도어[45T]
[하드웨어 홈가공/타사하드웨어불가]
PVC히든문틀 JPH100
[조절형3D경첩/도어스토퍼레일 홈가공]
LVL가틀[현장재단용]
문틀마감판[MDF9T]
[현장재단마감/도장용백색래핑]

히든도어 완제품

라인조명용 레디 메이드 목재틀

시공해 보니 참 좋은 제품이었다. 그리고 인테리어쇼에서 소개한 라인 조명을 설치해야 하기에 등박스를 목공으로 제작해야 하는데 이것도 손이 좀 가는 작업인데 거기에 맞는 기성틀이 나왔다 시공품수와 비용을 절약할 수 있는 것 뿐만 아니라 시공 퀄러티도 높일 수 있다.

인테리어의 변방이라고 할 수 있는 우리나라에서 이렇게 연구에 연구를 거듭한 제품들이 출시되는 것을 보니 정말 우리의 기술도 많이 좋아 졌다는 생각이 들었다. 우리나라도 인테리어 하드웨어 선진국으로 갈 수 있는 것이다.

살면서 하는 공사에 대해

인테리어공사가 일어나려면 집을 구매해 이사를 가기 전에 일반적으로 인테리어를 하지만 본인이 살면서 본인집을 공사할 수는 없을까?

도배라든가 화장실이라도 살면서 하고 싶은데 참 어려운 부분이다. 그래서 일반적으로 빈집공사 보다 더 비용이 많이 나온다. 그리고 아예 사는 집 공사를 하지 않는 업체도 많고 사는 집만 공사하는 업체도 생겨나고 있다. 살면서 전체공사를 하려면 또 계획을 잘 세워야 한다.

살면서 도배 공사는 큰 짐을 방으로 옮긴 후 마루와 부엌을 도배하고 다시 방에 있던 짐을 거실로 옮기고 방들을 도배하는 것이 좋다. 이 정도는 살면서 비교적 간단히 공사할 수 있다. 그 전에 버릴 것을 다 버리고 하는 것이다. 이 참에 정리하는 셈이다. 그러나 타일 공사는 살면서 하는 것이 어려운 것이 분진이 심하기 때문이다. 인테리어를 하기 위해 짐을 이삿짐 서비스 센터에 맡기고 인테리어를 하기로 한다 하면 짐을 빼내고 옮기고 보관하고 다시 옮기는 것만 300만원 이상 들어간다.

좀 아까운 생각이 든다. 그런 것을 피하기 위해 기획이 필요한 것이다. 일반적으로 짐들을 방으로 옮기고 거실과 부엌을 하나로 묶어서 공사하고 짐을 빼내고 방을 공사하는 방식을 많이 한다. 거주자가 짐은 옮기지 않고 가까운 호텔등에서 잠을 자고 필요한 것은 집에 들러 가져가는 방식도 있다.

사는 집 공사 특히 부분공사등에서는 가족간의 이해와 배려없이는 진행이 불가하다고 생각하면 좋다.

인테리어 실장의 일에 대해

인테리어 업자로서 나 뿐만 아니라 다른 실장들도 공통되게 느끼는 부분이 있다. 사람과 사람들이 만나서 일하는 인테리어 현장 기술자와 고객사이에 샌드위치가 되어 어느 쪽에 대해서도 약자이다.

도면과 견적에 항목이 있어도 작업이 끝나면 어떤 고객분들은 "도면에 있긴 하지만 일반인들은 도면을 볼 줄 모르고 견적서에 있지만 전문용어이고 복잡하여 알 수 없었어요" 이렇게 말하는 것이 이제 하나의 스펙이 되었다고 한다. 도면을 볼 줄 모르기는 것이 더 좋은 것이다. 도면을 볼 수 없으므로 그 도면은 무시해도 된다. 자신의 머릿속에 있는 것이 정답이며 그건 자신만이 알 수 있는데 내가 알아서 구현해 내야 한다.

한편, 인테리어 시공은 사람이 하는 것이다. 기계처럼 정확하게 할 수는 없다. 어떤 최고수 목수, 특일급 목수도 이태리 명품 가구처럼 현장에서 명품가구를 제작할 수 없다. 일급 필름 기공도 칼선없이는 필름을 붙일 수 없다. 지나친 시공 잣대, 즉 그분만의 기준에 충족하지 않으면 하자로 분류해서 결국에 고소를 하거나 또는 비용을 받지 못한다. 일반적으로 실장분들과 이야기 해보면 1년에 한 번 정도 그런 고객을 만난다고 한다. 어떤 분은 2연타 진상고객을 만나고 당분간 쉰다는 실장도 있다.

최근 필자는 이런 일을 겪었는데 곰곰이 생각해 보았다. 이런 일이 왜 발생할까? 그건 인테리어 시공에 대한 이해가 다르기 때문인 것 같다. 우리가 어떤 물건을 사면 그 물건 가격을 주고 사면 된다. 그런데 인테리어는 공장에서 딱 찍어서 나온 물건이 아니다. 어느 정도 가격은 있지만 같은 시공이라도 어떤 현장은 쉽게 풀리고 어떤 현장은 기술자 실수등 또는 현장에 특이 사항등으로 적자를 보는 일이 생긴다.

사람과 사람이 만나서 하는 인테리어는 당연히 스트레스가 발생한다. 그래도 세상에는 좋은 분들이 훨씬 많다. 정말 어떻게 이렇게 잘생기고 예쁠까? 어찌 저리 매너가 좋을까? 개인정보 처리에 동의 하시면 한번 공개하고 싶은 분들이 너무 많다. 신혼집을 마련하는 영화배우 뺨치는 외모와 매너의 부부, 본인은 스타강사이고 따님은 미모의 의사선생님, 아들은 S전자... 세상이 좀 불공평하다고 느껴지는 행복한 가족의 사람들이 너무 많다.

인테리어를 통해 정말 멋진 분들을 많이 만난것 같다. 내가 단순히 대기업에 있었다면 만나기 어려웠을 것이다. 그리고 인테리어 공사 현장도 너무 멋진 경우가 많다. 내가 이 집에 한번 살아보고 싶은 맘이 들정도로...

의도했던 것보다 더 잘나온 경우도 있고 이렇게 까지 될 수 있다는 것을 일하면서 배운다. 정말 인테리어는 매력적인 일임에는 틀림없다. 좋은 사람들과 좋은 인테리어를 계속하고 싶다.

민원에 대해

공사를 진행함에 있어서 하나의 큰 영역이 민원이다. 옆집과 아랫집, 윗집을 막론하고 민원이 들어와서 공사의 진행에 어려움을 격을 때 가 종종 생긴다. 소음과 냄새, 분진이 원인이다. 주민동의를 받았다고 해도 본인에게 피해가 있다면 관리사무소에 민원을 제기하여 공사를 중단시킬 수 있다.

세대의 현관문은 꼭 닫고 분진이나 악취가 새어 나가지 않게 관리해야 한다. 세대앞이나 주변은 체크하여 청소를 해두지 않으면 민원대상이다. 최근 코로나등으로 집에서 거주하는 분들도 많고 집안에서 인터넷으로 강의하는 교수님, 재택 근무하는 사람들이 늘어나면서 공사진행하는 환경은 좋지 않다. 몇 년전 동부이촌동의 부촌의 어느 아파트에서 공사를 진행한 적이 있었는데 해당동에 대학교수님이 3명이고 대학교수 퇴임하고 집에서 쉬시는 분이 한분 계셨다.

대학교수님의 인터넷 강의 시간을 피해서 공사를 하려 하니 일주일에 공사를 3일 정도 밖에 할 수 없었다. 고객분은 입주 일정을 늦출 수 밖에 없었고 공사비 또한 일정연기로 인해 증가하게 되었다. 몇일전에는 낮시간에 마루시공을 하였는데 위에 층 아기가 낮잠 시간이라면서 본인은 변호사라 손해배상을 직접 소송하시겠다고 하면서 화를 내셨다.

민원이 발생하면 원만히 해결하는 방법 밖에 없다. 실장은 무한 비는 것이다. 잘못했다고 계속할 수 밖에 없다. 마치 범죄를 저질러서 경찰서(여기서는 관리사무소)에 끌려 와서 취조 당하는 기분이 든다. 그럴 때 마다 인테리어를 접어야 하나 하는 무한 질문에 빠지게 된다. 공사비용에 민원처리 비용은 들어 있지 않다. 셀프 인테리어를 직접 진행하다가 이웃과 원수가 되는 일도 생길 수 있다. 현재 인테리어 공사에서 가장 힘든 부분이 바로 민원이 아닐까?

인테리어의 미래

갈수록 시공인건비가 올라온 지금, 제대로 시공할 수 있는 에이급 기공의 수는 한정되어 있는데 일의 량은 늘고 있다. 젊은 사람은 인테리어 시공을 배우려는 사람이 갈수록 적어지고 있기에 수급불균형이 심화되고 있다.

오늘, 내일의 문제가 아니지만 최근에는 정말 심각하다. 인테리어 성수기인 10월에는 메이저 업체조차 인력수급이 안 되어 공사를 포기하는 경우가 자주 목격된다. 필자도 성수기에는 인력수급 때문에 일이 들어오는 것이 겁난다. 상식적으로 일을 주는 사람이 갑일 것임이 분명한데 노가다세계, 시공의 세계에서는 도리어 일을 하는 사람이 갑이다. 그것도 갑중에 갑일 경우가 많다. 에이급 기공은 성수기철 최고의 대접을 받는다. 성수기철 도배사를 수급 못해서 고객이 입주를 못한 사례도 보았다. 최하급 기술자도 대접받는 시기가 성수기철이다.

힘들여서 일하는 사람이 없고 불로소득 같은 것, 부동산투기 같은 곳에만 사람들이 몰리고 정작 노가다판에는 사람이 없다. 일명 노가다도 사실 재능이 없으면 일급 기공으로 성장할 수 없다.

목수이던지 도배사이던지 어떤 종목이든 타고 난 손재주와 체력없이는 불가능하다. 요즘 무인 점포가 늘고 로봇이 사람일을 대체하는 경우가 TV 에 자주 보도 되고 있듯이 인테리어 업계도 일정부분 자동화 될듯 보인다.

나는 상상해 본다. 인테리어 실측 로봇이 아파트에 들어와 아파트를 스캔하여 실측하고 자재 물량을 산출해서 자동발주하고 잘 재단된 자재가 도착하면 기공이 와서 재단된 자재를 부착만하면 되는 그런 인테리어 현장을... 시공인원도 많이 필요없고 정밀도도 높아지고 하는 그런 인테리어 현장.

먼 미래가 아닐 듯 싶다. 단지 자재 다양화, 고급화 뿐만이 아니라 시공효율을 높일 수 있는 아이디어가 많이 개발될것 같다.

후기

　이상 주마간산(走馬看山) 인테리어 셀프시공에 대해 저의 경험을 토대로 저술하여 보았습니다. 셀프 인테리어를 생각하시는 분들에게 조금이나마 도움이 되었으면 하는 바람으로 글을 썼습니다. 셀프 인테리어 어찌 말하면 반셀프 인테리어가 맞을 것입니다. 이 책을 읽으시고 셀프 인테리어가 되었던 아니면 인테리어업체에 의뢰를 하시던 인테리어 시공에 이해가 있다면 현장을 바라보는 시각이 달라질 수 있을 것 같습니다.

　업계에 있는 저 또한 아직 부족함이 많고 현장현장마다 풀어야 할 장애물이 도처에 있습니다. 그러나 그런 문제를 해결하고 넘을 때 인간의 미래가 있다고 생각합니다. 넘지 못할 장애물은 없습니다.

업계에 계신분중에 어떤분은 너무 많은 것을 오픈한 것 아니냐 하시는
분도 있을 것 같습니다. 내용중에는 나름 고급내용도 있는데 이것을
일반분에게 그냥 오픈 하면 이것을 업으로 하는 분들이 설자리를 잃는
것이 아닌지 모르기 때문입니다. 그러나 어차피 셀프 인테리어를 결심하
신분이라면 어떻게 해서라도 비용을 절약할 수 있는 셀프 인테리어를 하
실것이라 생각됩니다. 이 책의 내용도 현장에 접목하실 수 있는 분이 있
고 그렇지 않은 분이 있을 것입니다.

앞서 제가 대기업 다닐 때 인테리어팀에서 같이 근무했던 후배가 발품

을 팔고 저의 어드바이스도 받고 하여 셀프 인테리어를 하였습니다.

그 결과, 유명인테리어 업체 견적가보다 동일한 사양의 인테리어를 하면서 700~800만원정도 비용을 세이브 했다고 저에게 전화로 알려왔습니다.

현명한 생각을 해서 금전적인 이득을 얻은 것과 본인의 힘으로 해냈다는 성취감 또한 너무 기쁠것입니다. 시간이 없고 전문가의 손길을 빌려 여러 가지 디자인 어드바이스 및 깔끔한 시공을 원하시면 유능한 업체에 의뢰하는 방법이 있습니다. 그리고 후배사원처럼 노력하여 비용절감하면서 원하는 인테리어를 할 수 있는 길도 있습니다.

어찌 보면 알게 되면 간단한 일일 수도 있지만 모를 때는 답답한 그런 일이겠습니다. 한번 셀프 인테리어를 하겠다고 결심한 이상 실패하면 업체에 의뢰한 것보다 비용은 더 들고 퀄러티는 더 낮은 결과를 낳을 수 있습니다. 그런 분들이 생기는 것을 줄이기 위해 이 책을 쓴것입니다. 다른 한편으로 이 책의 내용을 읽고 인테리어가 이렇게 복잡한 측면이 있었구나 하고 셀프 인테리어를 포기하시는 분도 있을지 모르겠습니다. 어떤 형태로든 이 책은 좋은 영향력을 미치고 싶습니다. 저의 미력이나마..

소득수준의 향상으로 이제는 자기집을 꾸미는 것이 필수가 되어 버렸습니다. 그 전만 하더라도 단순히 도배나 장판을 깔고 들어가는 것이 대부분이었지만 TV프로그램의 영향도 있겠고 고객분들의 학력수준등. 디자인을 바라보는 시각이 변화하였습니다. 컨셉을 정하고 자신집을 꾸미는 분들이 너무도 많아졌습니다.

저에게 상담하러 오신 대부분의 고객분들은 인테리어를 잘아시는 분은 아니지만 고객분들 자신의 일에는 전문가이시며 유능하신 분들입니다. 그래서 실전 인테리어 경험이 많지 않으신 분들이기 때문에 실제로 셀프 인테리어를 실행했을 때 만나는 어려움을 알길이 없습니다.

하나의 사례로 저의 고객분중에 대기업 건설회사 인테리어 사업부 상무로 퇴임하신분도 시공의 자세한 부분은 모르시고 계셨습니다.

다른 한편 저도 또한 인테리어 디자이너로서 편집디자인은 해본 적이 없었습니다. 처음으로 책을 써야 해서 어쩔 수 없이 편집디자인 프로그램을 공부해서 이 책을 쓸 수 있게 되었습니다. 책을 쓴다는 것이 이렇게 편집디자인 틀을 배워가면서 해야 했기에 시간이 많이 소요된 면도 있었습니다.

그러나 책의 모든 것을 디자인 하면서 디자인 비용절감과 스스로 해냈다는 성취감도 생기게 되었습니다. 즐기는 마음으로 제가 쓰는 책의 편집디자인을 여러 궁리를 통해서 펴내게 되었는데 책내용보다 편집디자인이 더 어려웠던 것 같습니다. 한글 맞춤법이 이렇게 어려운 건지 제가 그동안 얼마나 띄어쓰기를 못하고 있었는지 한국사람이 한국말을 제대로 못 쓰고 살고 있었다는 것도 알게 되었습니다.

책을 쓴다는 것이 얼마나 힘든 것도 알게 되었음에 동시로 책을 쓰는 즐거움이 얼마나 큰지도 알게 해준 저의 첫번째 도서가 되었습니다. 나이 50세가 넘어 처음 책을 내보게 되는 데 조금 더 젊은 나이에 내었다면 내 삶이 더 풍요로워졌을 텐데 하는 생각이 듭니다. 물론 이런 졸작을 내지만 말입니다.

   이 책을 한번 대충 읽고 난 후 독자분들 중에 인테리어 하시게 된 후 이 책 덕택에 조금이라도 도움되었던 부분이 있었다고 생각이 드신 분이 계신다면 필자로서 최고의 기쁨이 될것 같습니다. 더불어 성공적인 인테리어를 본인의 빠른 의사선택으로 더욱 나은 인테리어를 하시게 되었으면 하는 바람입니다. 마지막으로 전국에 셀프 인테리어를 준비하시는 분들에게 박수를 보냅니다.

서울 용산에서   최 기영